Vieweg Programmbibliothek
Mikrocomputer 18

Probleme der Festigkeitslehre
Programme für den HP-41

Vieweg Programmbibliothek Mikrocomputer

Herausgegeben von Harald Schumny

Band 1
Graphik-Programme für TRS-80
und HP 9830

Band 2
Iterationen, Näherungsverfahren,
Sortiermethoden
BASIC-Programme für
CMB 3032, HP 9830, TRS-80,
Olivetti 6060

Band 3
BASIC und Pascal im Vergleich

Band 4
BASIC-Anwenderprogramme

Band 5
BASIC-Programme für den
PC-1211/1212

Band 6
Programme für den Einplatinen-
computer TM 990/189

Band 7
PC-1500-Sammlung I

Band 8
Programme für den PC-1251

Band 9
PC-1500-Sammlung II

Band 10
PC-1500-Sammlung III

Band 11
Anwenderprogramme zum ZX-81
und ZX-Spectrum

Band 12
17 Spiele für den PC-1500 A

Band 13
Ausgewählte BASIC-Computerspiele
(Atari 800)

Band 14
Lineares Optimieren
11 HP-41-Programme

Band 15
Dienstprogramme (Tool-Kit)
für den HP-41

Band 16
Geodätische Berechnungsmethoden
(Standard-BASIC)

Band 17
Gelenk-Getriebe für die
Handhabungs- und Robotertechnik
(HP-41)

Band 18
Probleme der Festigkeitslehre
Programme für den HP-41

Band 19
PC-1500-Sammlung IV

Vieweg Programmbibliothek
Mikrocomputer 18

Harald Schumny/Helmut Alt (Hrsg.)

Probleme
der Festigkeitslehre

Berechnung der Querschnittswerte und
der Spannungen

Ein modulares, ausbaufähiges System mit
12 Subprogrammen, 10 Hauptprogrammen
und einem Hilfsprogramm

Erklärt durch 15 Anwendungen aus der Praxis
eines statischen Büros

Programme für HP-41CX, HP-41CV sowie für
HP-41C mit 3 Speichererweiterungsmodulen

Von Pietro Labranca

Springer Fachmedien Wiesbaden GmbH

Der Autor des Bandes

Dr.-Ing. *Pietro Labranca*
Herzog-Albrecht-Str. 19
8011 Zorneding

1985

Alle Rechte vorbehalten
© Springer Fachmedien Wiesbaden 1985
Ursprünglich erschienen bei Friedr. Vieweg & Sohn Verlagsgesellschaft mbH, Braunschweig 1985

Umschlaggestaltung: Peter Lenz, Wiesbaden

ISBN 978-3-528-04333-9   ISBN 978-3-663-13976-8 (eBook)
DOI 10.1007/978-3-663-13976-8

Inhaltsverzeichnis

1 Einleitung

<u>1.1   Allgemeines</u>

Zur Ermittlung der Verformungen und Spannungen in Bauteilen sind eine Reihe von Querschnittswerten erforderlich; darunter versteht man die Lage des Schwerpunktes, die Querschnittsfläche, die statischen Momente, die Trägheitsmomente und das Zentrifugalmoment um die Koordinaten-Achsen, die Lage der Hauptachsen und die Hauptträgheitsmomente.

Bei schiefer Biegung ist dazu die Bestimmung der Hauptachsenmomente und eine Umwandlung der Punktkoordinaten in Hauptachsenkoordinaten erforderlich.

Für besondere Fälle können Drehung oder Translation von Achsen oder Werten, bezogen auf schiefwinklige Koordinatenachsen, benötigt werden.

Oft handelt es sich um Querschnitte aus verschiedenen Materialien, und die verschiedenen E-Module müssen in der Berechnung berücksichtigt werden.

<u>1.2   Ein Programm-System</u>

Zur Lösung dieser und ähnlicher Probleme wurden Programme für den HP 41-CV/CX entwickelt. Sie zeigen folgende Besonderheiten:

- Die Programme wurden als System entwickelt, d.h. sie können nacheinander in beliebiger Reihenfolge verwendet werden;
- sie benutzen die Dialog-Möglichkeiten (alphanumerische Anzeige des HP-41) und erreichen volle Benutzer-Freundlichkeit (Betriebsanleitungen werden fast überflüssig);
- sie bieten klare, eindeutige, schriftliche Protokolle (bei vorhandenem Drucker), aber
- sie laufen auch ohne Drucker;
- sie sind modular aufgebaut;

- sie können durch selbstentwickelte Programme ergänzt
  werden;

- die enthaltenen Routinen stehen dem Anwender für eigene
  Programme zur Verfügung (klare Beschreibung der Schnittstelle und ihrer Benutzung).

1.3 Was die Programme leisten

1.3.1 Querschnittsgrößen-Berechnung (siehe: Kapitel 2)

Die Programme rechnen Querschnittsgröße (geometrische bzw.
ideelle Größe) von Querschnitten beliebiger Form, auch
Querschnitten aus zusammengesetzten Profilen, auch Querschnitten aus verschiedenen Materialien (n-Verfahren bzw.
E-Module-Eingabe).

1.3.2 Spannungsberechnung (siehe: Kapitel 3)

Die Programme rechnen aus einer beliebigen Belastung (be-
stehend aus Momenten um beliebige Achsen und Normalkräfte
in beliebiger Lage) die Spannungen in beliebigen Punkten.

1.3.3 Routine

Die Programme enthalten u.a. frei abrufbahre Routinen:
- für Querschnittsgrößen-Umwandlung bei Achsen-Translation,
- für Querschnittsgrößen-Umwandlung bei Achsen-Rotation,
- für Koordinaten-Umwandlung.

2 Vom Querschnitt zu Querschnittsgrößen

<u>2.1 Querschnittsform</u>

Querschnittsgröße von Querschnittsformen, die in Tabellen-
büchern nicht enthalten sind, lassen sich mit folgenden
Programmen berechnen:

<u>2.1.1 Teilflächen-Programme</u>

Der Querschnitt läßt sich in rechenbare Teilflächen teilen:
man rechnet den Querschnitt als Summe von Teilflächen (sie
dürfen auch verschiedene Formen haben).

Es stehen Programme für <u>Punkt-Flächen</u>, für <u>Rechtecke</u> in
beliebiger Lage, für <u>Kreisflächen</u>, für regelmäßige <u>Vielecke</u>,
sowie für <u>Plattenbalken</u> zur Verfügung.

<u>2.1.2 Querschnitt aus zusammengesetzten Profilen</u>

lassen sich mit einem dafür entwickelten Programm am ein-
fachsten rechnen.

<u>2.1.3 Polygonflächen-Programm</u>

Da jeder beliebige Querschnitt durch einen Polygonzug dar-
stellbar ist, kann man mit dem Polygonfläche-Programm alle
Querschnitte rechnen.

<u>2.1.4 Manuelle bzw. Magnetkarte-Eingabe</u>

Sind die Querschnittsgrößen eines Querschnittes bekannt,
so ist es möglich, die bekannten Werte manuell (bzw. mit
Magnetkarte, falls sie gespeichert wurden) einzugeben.
Der Querschnitt kann wie eine Teilfläche addiert oder ergänzt werden.

<u>Bemerkung</u>: Ein Überblick über die vorgesehenen Programme
ist aus der folgenden T a b e l l e 2.1 ersichtlich.

<u>Tabelle 2.1</u>

Vorgesehene Programme

für die Berechnung der Querschnittsgrößen

PUNKT	RECHT	KREIS	VIELECK	PLATBAL
Punkt-Flächen	recht-eckige Flächen	Kreis-Flächen	regel-mäßige Vielecke	Platten-balken
PROFIL	POLYGON	WERTE A, β x_{SP}, y_{SP} J_{xo}, J_{yo} J_{xoyo}	R-CARD	ANW-1
zusammen-gesetzte Profile	Polygon-Fläche	manuelle Eingabe	Magnet-karte Eingabe	Anwender-Form 1

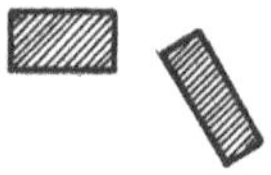

<u>Output-Möglichkeiten:</u>

W-CARD	Speicherung auf Magnetkarte
SP-QW	Querschnittswerte bezogen auf die Schwerpunkt-Achsen x_o, y_o
HA-QW	Querschnittswerte bezogen auf die Hauptachsen ξ, η

Bemerkung : Die berechneten Werte bleiben für
spätere Anwendung gespeichert.

2.2   Nicht homogene Querschnitte

2.2.1   Allgemeines

Die Verträglichkeit der Dehnungen zusammen mit der Annahme eines konstanten E-Moduls führt bekanntlich zur Spannungsermittlung mit Hilfe der ideellen Querschnittsgrößen.
Der ideelle Querschnitt besteht aus einem einzigen "Grundmaterial": Alle Flächen aus Materialien abweichend vom Grundmaterial erscheinen in den Gleichungen mit einer Fläche gleich der geometrischen Fläche multipliziert mit "n" ($n=E/E_i$). Die mit ideellen Querschnittsgrößen berechneten Spannungen entsprechen Spannungen im "Grundmaterial"; für andere Materialien sind diese Spannungen mit "n" zu multiplizieren.

2.2.2   Berücksichtigung von "n"

Die Programme multiplizieren grundsätzlich alle berechneten Querschnittswerte der eingegebenen Fläche mit "n": sie starten automatisch mit "n=1". Es ist aber vor jeder Eingabe möglich, den Faktor "n" zu ändern. Er bleibt gespeichert, solange nicht geändert wird.
Die gespeicherten Querschnittsgrößen,bezogen auf die Koordinaten-Achsen, entsprechen den üblichen ideellen Querschnittsgrößen.

2.2.3   Material-bezogene Querschnittsgrößen
um die Schwerpunktachsen

Die Programme dividieren bei der Berechnung der Querschnittsgrößen, bezogen auf die Schwerpunkt-Achsen, alle Größen durch den z.Z. gültigen "n": Die berechneten Querschnittsgrößen sind somit "Material-bezogene" Querschnittsgrößen, d.h. die damit berechneten Spannungen entstehen in dem Material, dessen "n-Wert" zur Zeit gespeichert ist.
Braucht man übliche ideelle Querschnittsgrößen, so sollte man nicht vergessen, am Ende der Berechnung, n=1 wieder zu setzen.

2.2.4 E-Modul statt n-Wert

Als Alternative zu der Eingabe von "n" ist die Eingabe des "E-Moduls" des Materials möglich.

Es gilt sinngemäß das vorher Gesagte: Querschnittsgrößen und Spannungen sind "Materialbezogen"; sie beziehen sich auf das Material, dessen E-Modul z.Z. gültig ist.

2.3 Die Berechnung der Querschnittsgrößen

erfolgt nach folgendem Schema:

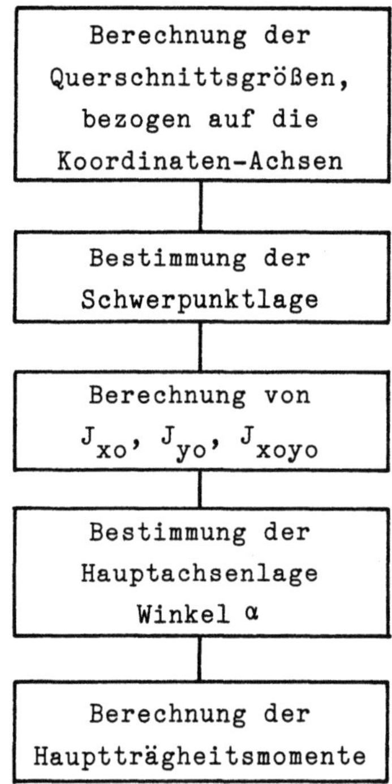

<u>Bild 2.1</u> Flußdiagramm für die Berechnung der Querschnittsgröße, bezogen auf die Hauptachsen ξ und η.

3 Belastung und Spannungen

3.1 Die Belastung

3.1.1 Die Schnittgrößen

Die Beanpruchung eines Querschnittes wird durch Schnittgrößen ausgedrückt: Normalkraft N', Biegemomente $M_{x'}$ und
$M_{y'}$. Die Schnittgrößen beziehen sich auf ein rechtwinkliges
Achsenkreuz $(x'-y')$ mit Zentrum im Schwerpunkt des Querschnittes (Systemlinie).

3.1.2 Normale Belastungsachsen: waagerechte und vertikale Achsen durch den Schwerpunkt

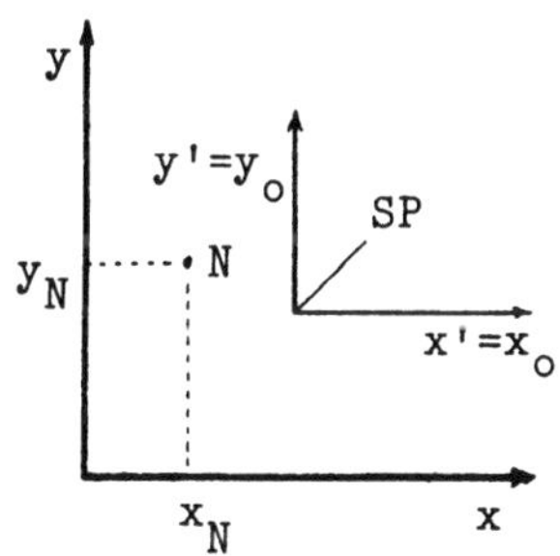

Bild 3.1
normale
Belastungsachsen

In normalen Fällen rechnet
man getrennt für vertikale
und horizontale Lastanteile,
so daß $M_{x'}$ bzw. $M_{y'}$ auf der
horizontalen bzw. vertikalen
Achse liegen $(x'=x_o, y'=y_o)$.
Zusätzlich zu diesen drei
Schnittgrößen N_{SP}, M_{xo}, M_{yo}
wurde in den Programmen die
Möglichkeit einer Eingabe von
einzelnen Normalkräften (N_i),
senkrecht zur Querschnittsebene,
vorgesehen.

3.1.3 Belastungsachsen in beliebiger Lage

Um alle möglichen Sonderfälle berücksichtigen zu können,
wurde neben der normalen Belastungseingabe auch eine allgemeine Belastungseingabe vorgesehen, wobei die Lage der
Belastungsachsen beliebig sein kann.

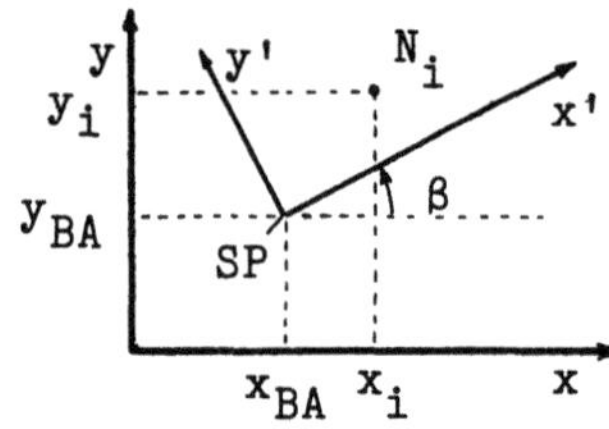

Bild 3.2
Belastungsachsen in
beliebiger Lage

Die Belastungsachsenlage **kann**
beliebig sein:

(x_{BA}, y_{BA}, β)

Es ist die Eingabe von N_{SP},
$M_{x'}$, $M_{y'}$, sowie von beliebigen
Einzellasten N_i möglich.

Die Lage der Einzellasten wird
durch Koordinaten x_i, y_i, bezogen auf die Koordinatenachsen,
bestimmt.

3.1.4 Belastungsgrößen bezogen auf die Hauptachsen

Die Belastung wird in beiden Fällen auf die drei Hauptachsenwerte N_{SP}, M_ξ, M_η, reduziert.

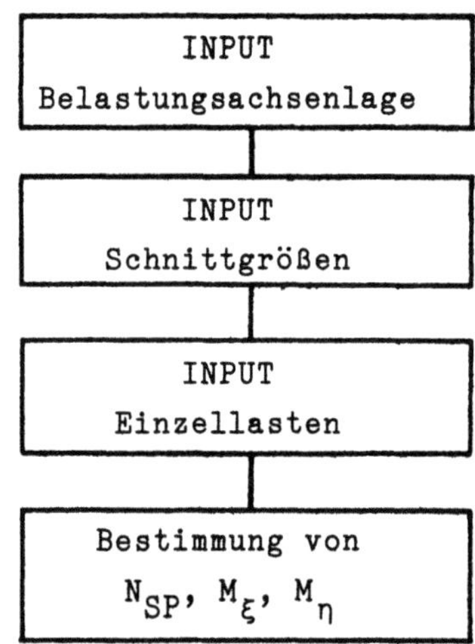

Bild 3.3 Flußdiagramm
Berechnung der Schnittgrößen,
bezogen auf die Hauptachsen

3.2 Die Spannungen

Die Berechnungen setzen eine elastische homogene Biegung, mit oder ohne Normalkraft unter der Annahme, daß Zugspannungen aufgenommen werden können (Stadium I im Stahlbeton), voraus.

3.2.1 Spannungsgleichungen

$$\sigma_i = \frac{N_{SP}}{A} + \frac{M_\xi}{J_\xi} \times \eta - \frac{M_\eta}{J_\eta} \times \xi \qquad (3.1)$$

A, J_ξ, J_η sind bekannt (Berechnung nach B i l d 2.1);

N_{SP}, M_ξ, M_η sind bekannt (Berechnung nach B i l d 3.3).

Aus den Koordinaten x und y des Punktes, dessen Spannungen man rechnen will, werden die Hauptachsen-Koordinaten ξ und η gerechnet. Man setzt sie in die Gleichung (3.1) und rechnet σ.

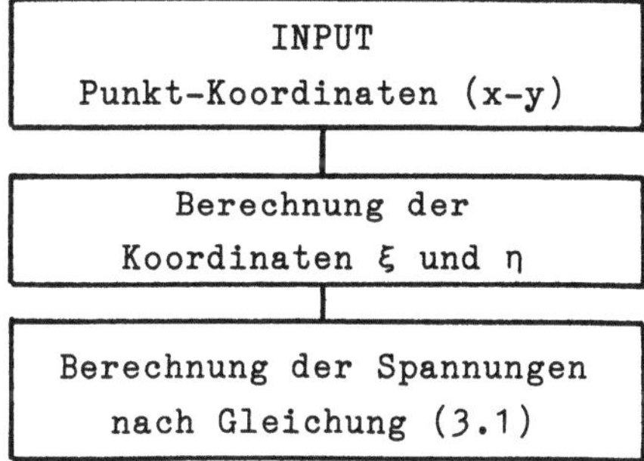

Bild 3.4 Flußdiagramm
für die Spannungsberechnung

4 Speicher, Flags, Labels

<u>4.1 Module und Schnittstellen</u>

In den Flußdiagrammen werden einige in sich abgeschlossene Programmteile in Blöcke zusammengefaßt. Einige Blöcke haben aber eine ausgesprochene Sub-Programm-Form; sie können mit XEQ... abgerufen werden und enden mit RTN. Sie werden hier Routinen genannt.

Beide Typen von Modulen können als Eigenprogramm programmiert und getestet werden (und nachher gespeichert werden). Sie werden nur später miteinander verbunden (z.B. Programme aus verschiedenen Magnetkarten mit Merge).

Das Zusammenwirken der Module kontrolliert man am besten anhand der Schnittstelle, d.h. der Auslistung der von Programmen benutzten Speicher-Register und Flags, in denen INPUT (Speicher, die vor dem Start des Programmes mit den Anfangswerten belegt werden) und OUTPUT (Speicher in die die berechneten Werte geschrieben werden) beschrieben sind.

Diese Schnittstellen werden bei den einzelnen Programmen beschrieben. In diesem Kapitel wird ein Überblick über die möglichen (können auch verschiedene sein) Speicher-Belegungen sowie über Flags- und Labelsbenutzung geliefert.

<u>Bemerkung:</u>
Routinen werden im Kapitel 5, strukturierte Blöcke im Kapitel 6 beschrieben.

<u>4.2 Speicher</u>

<u>4.2.1 Arbeitsspeicher</u> (T a b e l l e 4.1)

Als reine Arbeitsspeicher werden die vier Speicher 01 bis 04 sowie 22 und 23 (für Strings) benutzt. Sie dürfen von jedem Programm (innerhalb eines in sich abgeschlossenen Berechnungsvorgangs) benutzt werden: mit einer Änderung ihres Inhaltes durch eine Routine muß gerechnet werden.

Sie müssen vor der Benutzung immer initialisiert werden
(Zuweisung eines bestimmten Wertes, meistens 0).

Die anderen Speicher sind für bestimmte Zwecke reserviert.

4.2.2 Speicher 00 und 05 bis 11 (T a b e l l e 4.1)

Diese Speicher enthalten die ideellen (AxE) Querschnitts-
Größen des gesamten Querschnittes, bezogen auf die Koordinaten-Achsen x-y.

Tabelle 4.1 Speicher 00 bis 11

Speicher	Verwendung
00	Zähler
01	Arbeits-Speicher
02	Arbeits-Speicher
03	Arbeits-Speicher
04	Arbeits-Speicher
05	$\Sigma\, A \times E$
06	$\Sigma\, S_y \times E$
07	$\Sigma\, S_x \times E$
08	$\Sigma\, J_x \times E$
09	$\Sigma\, J_y \times E$
10	$\Sigma\, J_{xy} \times E$
11	"E" bzw. "n"

Der Speicher 00 enthält den Pos.Nr.-Zähler.

Die Speicher 05 bis 10 enthalten die Querschnittswerte des ganzen Querschnittes multipliziert mit "E" bzw. "n", bezogen auf die Koordinaten-Achsen.

Im Speicher 11 steht der z.Z. gültige Faktor "E" bzw. "n".

Bemerkungen :

Der Speicher 00 enthählt:
- bei gelöschter Flag 00, die Zahl der eingegebenen Teile;
- bei gesetzter Flag 00 aber die Pos.-Nr. des nächsten
  Teiles (Zahl + 1).
Der Speicher 11 enthält:
- bei gesetzter Flag 01 "E-Module";
- bei gelöschter Flag 01 "n-Werte".

Tabelle 4.2

Belegung der Speicher 12 bis 31

	A	B	C	D	E	"S"
12	ΔA	ΔA	A	A	A	Zähler [1]
13	x	S_y	x	x	x	
14	y	S_x	y	y	y	
15	J_{xo}	J_x	J_{xo}	J_ξ	$J_\xi = J_\eta$	
16	J_{yo}	J_y	J_{yo}	J_η	$J_\eta = J_\xi$	
17	J_{xoyo}	J_{xy}	J_{xoyo}	0	0	
18	0	0	$0 \; o. \; \alpha$		0	x_i [2]
19	-	-	E	E	E	y_i [2]
20	0	0	1	2	3	0
21	1. indirekte Adresse					
22	Alpha-Speicher					
23	Alpha-Speicher					
24	Alpha-Speicher		M_ξ [4]	M_ξ/J_ξ [4]		x_A [2]
25	Alpha-Speicher		M_η [4]	M_η/J_η [4]		y_A [2]
26	2. indirekte Adresse					
27			$M_{x'}$ [4]	ξ [4]		ξ [3]
28			$M_{y'}$ [4]	η [4]		η [3]
29			β [4]	$\gamma = \beta - \alpha$ [4]		
30			N [4]	N/A [4]		ΔA [2]
31			$E \; o. \; n$ [4]			

1) Im Programm W-CARD 3) im Programm XYKSI
2) im Programm Polygon-Fläche 4) im Programm SIGMA

<u>4.2.3 Speicher 12 bis 20</u> (T a b e l l e 4.2)

Diese Speicher werden für die Berechnung der Querschnittswerte benutzt. Sie enthalten im Laufe der Berechnung verschiedene Werte.

- <u>Spalte A</u>: Querschnittswerte der "Teilquerschnitte", bezogen auf die eigenen Schwerpunktachsen x_o und y_o (Punkt
  "4", B i l d 6.1).

- <u>Spalte B</u>: Querschnittswerte der "Teilquerschnitte",
  bezogen auf die Koordinaten-Achsen x und y (Punkt "5",
  B i l d 6.1).

  Merken Sie bitte, daß in beiden Fällen der Speicher 20
  Wert "0" hat (0 = Teilquerschnitte).

- <u>Spalte C</u>: Querschnittswerte des "ganzen" Querschnittes,
  bezogen auf die Schwerpunktachsen x_o und y_o (nach XEQ
  SPA, B i l d 5.2).
  Erste Änderung: in den Speichern 13 und 14 erscheinen
  jetzt die Schwerpunktkoordinaten. In Speicher 20 wird
  "1" geladen (1 = Querschnittswerte des "ganzen" Querschnittes, bezogen auf x_o und y_o). Gleichzeitig wird
  in Speicher 19 der Wert "E-Modul" bzw. "n-Wert" aus dem
  Speicher 11 kopiert.

  Man rechnet die Orientierung der Hauptachsen (XEQ HAW
   B i l d 5.2) und lagert den Winkel in den Speicher
  18.

- <u>Spalte D</u>: Hauptträgheitsmomente (XEQ SAR, B i l d 5.2).
  Die Momente sind ungleich. In Speicher 20 wird "2" gespeichert.

- <u>Spalte E</u>: Hauptträgheitsmomente (XEQ SAR B i l d 5.2).
  Die Momente sind gleich. Die Hauptachsen-Orientierung
  ist unbestimmt. In Speicher 20 wird "3" gespeichert.

- <u>Spalte "S"</u>: die Speicher 18 und 19 werden auch vom Polygonfläche-Programm für die Speicherung der Koordinaten
  der laufenden Punkte benutzt, bei Speicher 20 = 0.

4.2.4 Indirekte Adressierung : Speicher 21 und 26

Das Grundprogramm (Kapitel 5 und 6) unterstützt verschiedene
Programme: Der Rücksprung zum Hauptprogramm wird durch
eine indirekte Adressierung erreicht.
Die Rücksprung-Adressen werden in den Speicher 21 (normaler
Rücksprung) bzw. in den Speicher 26 (2. Adresse, siehe
Routine FEHLER in 6.5) gespeichert.

4.2.5 Alpha-Speicher 22 bis 25

Für die Speicherung von Strings werden die Speicher 22
und 23, sowie die Speicher 24 und 25 benützt. Merken Sie
aber, daß die Speicher 24 und 25 auch als Datenspeicher
benutzt werden können (siehe folgenden Paragraph).

4.2.6 Speicher 24-25 27 bis 31

- Das <u>Polygon-Fläche-Programm</u> benutzt, zusätzlich zu den
  schon erwähnten Speichern 18 und 19 (siehe 4.2.3), auch
  die Speicher 24 und 25 zur Speicherung der Anfangskoordi-
  naten (1. Eckpunkt) und den Speicher 30 für die Flächen-
  Inkremente.

- Die Koordinaten-Umwandlungs-Routine <u>XYKSI</u> schreibt die
  berechneten Koordinaten, bezogen auf die Hauptachsen,
  in die Speicher 27 und 28.

- Das Programm <u>SIGMA</u> (Kapitel 9) sieht eine doppelte Benutzung der Speicher vor.

  Am Anfang wird der Winkel β in den Speicher 29 geladen;
  die Schnittgrößen werden in die Speicher 27 ($M_{x'}$), 28
  ($M_{y'}$) und 30 (N') geschrieben.
  Der relative Winkel zwischen den Achsen ξ und x' ersetzt
  β im Speicher 29.
  Nach der Berechnung der Hauptachsen-Momente werden M_ξ
  und M_η in die Speicher 24 und 25 geladen und die Speicher
  27 und 28 werden frei.

Momente und Normalkraft in den Speichern 24, 25 und 30 werden durch Hauptträgheitsmomente und Fläche dividiert: Die Speicher 24, 25 und 30 haben als Inhalt M_ξ/J_ξ, M_η/J_η, N'/F_i.

Die frei gewordenen Speicher 27 und 28 werden jetzt für die Speicherung der Koordinaten, bezogen auf die Hauptachsen, des Punktes, wo die Spannung berechnet wird, benutzt.

4.3 Flags (Flaggen)

4.3.1 Flag 00

Die Flag wird gesetzt bei jeder Erhöhung der Zähler 00. Der Zähler wird benutzt, um die angegebenen Positionen (Teilfläche, bzw. bei Polygonflächen Eckpunkte) im Protokoll zu numerieren.

Die Flag bleibt gesetzt, so lange die angegebene Fläche nicht vollkommen bearbeitet ist: Sie wird gelöscht bei der endgültigen Addition in die Speicher 05 bis 10.

So lange die Flag 00 gesetzt ist, ist eine Korrektur möglich. Werden unter der gleichen Positions-Nummer zwei Eingaben protokolliert, so ist die erste nichtig.

4.3.2 Flag 01

Material-Flag: siehe Bemerkung zur T a b e l l e 4.1 : gesetzt = "E-Modul";   gelöscht = "n-Wert".

4.3.3 Flag 02

findet Verwendung bei der Steuerung von Druck-Vorgängen: siehe 5.1 "DR", 5.3.4 "SPA".

4.3.4 Flag 03

steuert den Druck von Hauptachsengrößen: siehe 5.3.5 "SPD".

4.3.5 Flag 04

wird benutzt bei geneigten Einzelteilen, um die Berücksichtigung des Winkels zu steuern: siehe 6.3 "BETA".

4.3.6 Flag 05

wird vom Polygonfläche-Programm als Vermerk, daß die Eingabe des ersten Eckpunktes schon erfolgt ist, benutzt: siehe 8.8.3 "POLYGON".

Die gleiche Flag 05 steuert bei der FEHLER-Routine einen Rücksprung zur IND Adresse 26: siehe 6.5 "SB-3".

4.3.7 Flag 06

löscht bei vorhandenem Fehler (bei der ersten Eingabe des Polygonfläche-Programmes) die Flag 05 und erlaubt eine Wiederholung der Eingabe (siehe B i l d 6.4).

4.3.8 Flag 07

ist für einen flaggesteuerten Sprung aus strukturierten Blöcken (Benutzung als Subroutine mit RTN) reserviert: evtl. Benutzung bei Sonderprogrammen.

4.3.9 Flags 21 und 55 - mit und ohne Drucker

Man unterscheidet zwischen Anzeige-Meldungen, die nur in der Anzeige erfolgen und protokollierten Meldungen, die auch gedruckt werden.
Da die protokollierten Meldungen eine logische Reihenfolge haben müssen, kann es erforderlich werden, einige Meldungen oder Werte nur in der Anzeige (auch bei eingeschaltetem Drucker) erscheinen zu lassen und sie eventuell später auszudrucken.

Merken Sie bitte folgendes: Alle Programme laufen normalerweise mit ausgeschalteter Druckfunktion (nur Anzeige-Meldung). Die Druckfunktion wird in dem ersten Programm, in der Start-Routine (6.2,SB-0) unterdrückt. Der Drucker wird auf "MAN" eingestellt.

Wenn ein Ausdruck erforderlich wird, wird zuerst die Druckfunktion eingeschaltet; nachher wird gedruckt und zum Schluß die Druckfunktion wieder ausgeschaltet.

Um die Druckfunktion ein- bzw. auszuschalten wird die Flag 21 benutzt (Siehe [9] ,Seite 217). Die Flag 21 darf nur bei vorhandenem Drucker (Flag 55 gesetzt) gesetzt werden.

4.4 Labels (Marken)

4.4.1 Labels 00 bis 03

werden für Sprünge nach vorne benutzt: Sie dürfen wiederholt verwendet werden.

4.4.2 Labels ab 04

werden für Rücksprünge innerhalb eines Programms verwendet. Um eine gemeinsame Speicherung aller Programmteile zu ermöglichen (siehe 7.2), sollte jedes Label (Marke) nur einmal benutzt werden.

4.4.3 Alphanumerische Labels

werden für Sprünge zu anderen Programmen (Routinen oder strukturierten Blöcken) bzw. als Programm-Namen benutzt. Es wurden folgende Label-Namen verwendet:
AE-n, additiver Eingang, n=0 bis 8 und 15 (6.1); BETA, Winkel (6.3); DR, Druck-Routine (5.1); E-MODUL (6.7); FEHLER (6.5); GR, Get-Routine (5.2); HA-QW, Haupt-Achsen-Querschnittswerte (5.6); HAW, Haupt-Achsen-Winkel (5.4); HTM, Haupt-Trägheits-Momente (5.6); IR, Input-Routine (5.1); KREIS (8.4); N-WERT (6.7); PLATBAL, Plattenbalken (8.6); POL (8.8); POLENDE (8.8); POLYGON (8.8); PROFIL (8.7); PUNKT (8.2); R-CARD, Read-Card (8.10); RECHT, Rechtecke (8.3); SAR, Schwerpunkt-Achsen-Rotation (5.5); SB-0, strukturierter Block 0 (6.2); SB-1 (6.3); SB-2 (6.4); SB-3 (6.5); SB-4 (6.6); SB-5 (6.6); SIG, Sigma-Berechnungs-Schleife (9.2); SIGMA, SIGMA (9.1); SPA, Schwerpunkt-Achsen (5.3); SPD, Schwer-Punkt-Druckroutine (5.3); SP-QW, Schwer-Punkt-Querschnitts-Werte (5.3); VIELECK, Vielecke (8.5); W-CARD, write Card (6.8); WERTE, Querschnitts-WERTE-Eingabe (8.9); XYKSI, da x-y a ξ - η (ksi-eta) Koordinaten (5.7).

5 Querschnittsgrößen- und Koordinatenumwandlung, Hauptachsenlagen und Hauptträgheitsmomente

Die folgenden Routinen stehen auch dem Anwender zur freien Verfügung:

Man lädt die vorgesehenen Speicher (INPUT-Spalte der Schnittstellen-Tabelle) mit den Anfangs-Werten, setzt Flags (falls vorgesehen), ruft das Programm auf :

XEQ ALPHA "Programm-Name" ALPHA

und liest die berechneten Werte in den vorgesehenen Speicher (OUTPUT-Spalte in der Schnittstellen-Tabelle).

5.1 Druck- und Input-Routine "DR" "IR"

5.1.1 Aufgabenstellung für "DR"

- Ein Text, gespeichert im Alpha-Register, und eine Zahl bzw. ein Text im x-Register erscheinen zusammen in der Anzeige und werden vom Drucker, falls vorhanden, ausgedruckt. Die Druckfunktion wird nachher ausgeschaltet.
- Die Routine muß mit oder ohne Drucker laufen können.

5.1.2 Aufgabenstellung fur "IR"

- In der Anzeige erscheint eine Meldung (vorher gespeichert in dem Alpha-Register) über die verlangte Eingabe,z.B.:

$$X =$$

- Die Meldung wird vom angeschlossenen Drucker nicht ausgedruckt.

- Nach erfolgtem INPUT (Zahl tippen und nachher R/S), erscheinen Meldung und Input zusammen in der Anzeige und werden vom Drucker, falls vorhanden, protokolliert. z.B.:

$$X = 25.23$$

Die Druckfunktion wird nachher ausgeschaltet.

- Die Routine muß mit und ohne Drucker laufen können.

Tabelle 5.1 Schnittstelle von "DR" und "IR"

Speicher	"DR"		"IR"	
	Input	Output	Input	Output
Alpha-Reg.	beliebig	Alpha+X	beliebig	Alpha+Input
X-Reg.	beliebig	wie vor	beliebig	Input
Flag 02	FS-FC	FC	FC	FC
Flag 21	FS-FC	FC	FS-FC	FC

Tabelle 5.2 Anweisungsliste

01	LBL^{T}DR	Die Druck-Routine (Eingang "DR") setzt
02	SF 02	die Flag 02.
03	LBL^{T}IR	Die Input-Routine (Eingang "IR") setzt
04	CF 21	keine Flag.
05	FC?C 02	Eine Wert-Eingabe erfolgt nur bei
06	PROMPT	der Input-Routine (Flag 02 gelöscht).
07	ARCL X	Der gelieferte bzw. vorher im X-Regi-
08	FS? 55	ster gespeicherte Wert wird zum Inhalt
09	SF 21	des Alpha-Register addiert und er-
10	AVIEW	scheint in der Anzeige (wird gleich-
11	PSE	zeitig gedruckt).
12	CF 21	Die Druckfunktion wird ausgeschaltet.
13	RTN	

Bemerkung: Die Befragung in der Zeile 08 ist sehr wichtig.
Bei nicht vorhandenem Drucker versucht das Programm, nach
SF 21, zu drucken und blockiert sich.

5.2 Get-Routine "GR"

5.2.1 Aufgabenstellung: Ja-nein Befragung

- Der Text der Frage, vorher im Alpha-Register, erscheint
  in der Anzeige. Als Antwort wird "1" für Ja und "0" für

nein getippt (es ist nicht nötig, nachher R/S zu tippen).

Das Programm wartet auf die Antwort auf einer Warteschleife, lädt die Antwort in "X" und springt zurück. Die Druckfunktion wird ausgeschaltet.

Tabelle 5.3 Schnittstelle von "GR"

Register	Input	Output
Alpha-Register	Text der Frage	Text der Frage
X-Register	beliebig	Input (Zahl)
Flag 21	FS - FC	FC
Flag 22	FS - FC	FC

Tabelle 5.4 Anweisungsliste für "GR"

01 LBL^T GR	Merken Sie bitte den Unterschied zwi-
02 CF 21	schen INPUT-(IR) und GET-Routine(GR).
03 AVIEW	GR erwartet nur einen Tastendruck.
04 CF 22	Wird eine Zahl-Taste gedrückt, so ist
05 LBL 04	die Warteschleife verlassen. Man darf
06 PSE	eine Pause für Zahleingaben nicht be-
07 FC?C22	nutzen: tippt man zu langsam, so könnte
08 GTO 04	das Programm mit falscher Dateneingabe
09 RTN	weiterlaufen (besser IR mit PROMPT).

Eine Überprüfung, ob "1" bzw. "0" getippt wurde (und evtl. ein Rücksprung zu GR für eine weitere Befragung) muß im Hauptprogramm vorgesehen werden.
Auf GR folgt im Hauptprogramm ein bedingter Sprung (X=0 ?).
"0", "00" im X-Register (d.h. eine ungewollte zweimalige Tastenbetätigung) hat keine Nachteile (immer X=0). Das gleiche gilt für "1" oder "11" (beide Eingaben ≠ 0).

5.3 Von Koordinaten- zu Schwerpunkt-Achsen "SPA" "SP-QW"

5.3.1 Aufgabenstellung für "SPA"(Schwerpunkt-Achsen)

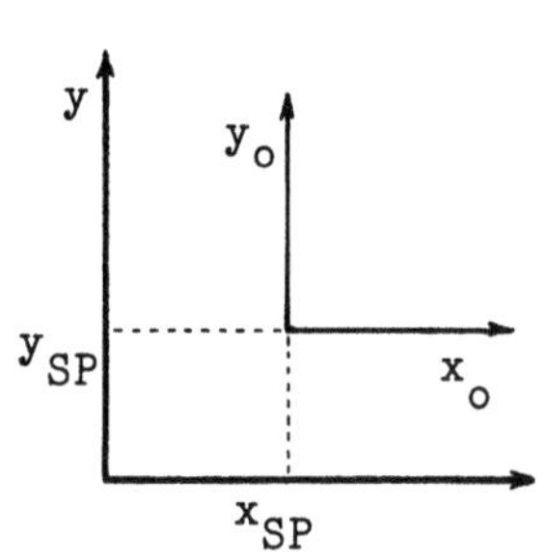

Das Programm rechnet aus den Querschnittswerten, bezogen auf die Koordinaten-Achsen x und y, die Lage des Schwerpunktes und die ideellen Querschnittsgrößen, bezogen auf die Schwerpunktachsen x_o und y_o, parallel zu den Koordinaten-Achsen.

<u>Bild 5.1</u>

Von Koordinaten- zu
Schwerpunktachsen

<u>Bemerkung:</u> Die vorhandenen Werte sind ideelle Größen, siehe T a b e l l e 4.1 , be-

zogen auf ein Material mit "E", bzw "n" = 1 : die Einzel-
flächen wurden bei der Berechnung mit "E" bzw. mit "n"
multipliziert.
Die von diesem Programm berechneten Werte sind Material-
bezogene Größen, bezogen auf das Material dessen "E-Modul"
bzw. "n-Wert" z.Z. im Register 11 gespeichert ist (Division
durch "E" bzw. "n"). Bei homogenen Querschnitten entsprechen
diese Größen der Fläche und den Flächenmomenten.

5.3.2 Aufgabenstellung für "SP-QW"

Das Programm SP-QW (Schwerpunkt-Querschnitts-Werte) rechnet
wie SPA, "druckt" aber anschließend, über die Routine "SPD",
die berechneten Größen.

Das Programm SPD (Schwerpunkt-Druck) druckt Bezeichnungen
und Werte der vom Programm SPA berechneten Größen sowie
Bezeichnungen und Werte der Hauptachsengrößen ("HTM", Hauptträgheitsmomente, 5.6) aus. Siehe dazu 5.3.4.

5.3.3 Verwendete Gleichungen

Verschiebungssätze für Trägheitsmomente in der Ebene:

$$J_{xo} \quad = \quad J_x \quad - A \times y_{SP}^2 \qquad\qquad (5.1)$$

$$J_{yo} \quad = \quad J_y \quad - A \times x_{SP}^2 \qquad\qquad (5.2)$$

$$J_{xo,yo} = \quad J_{x,y} - A \times x_{SP} \times y_{SP} \qquad\qquad (5.3)$$

Die Gleichungen ergeben sich nach Umformung aus dem Steinerschen Satz.

5.3.4 Programmbeschreibung für "SP-QW" "SPA"
(T a b e l l e 5.5 und 5.6 und B i l d 5.2)

Bei einem Eingang durch <u>LBL 'SP-QW</u> (A.01) wird die Flag 02 als Druckvermerk gesetzt.

Nach <u>LBL 'SPA</u> (A.03) werden die Querschnittsgrößen berechnet und gespeichert: A (A.07), $x_{SP} = S_y/A$ (A.11), $y_{SP} = S_x/A$ (A.15), J_{xo} (A.24), J_{yo} (A.33) und J_{xoyo} (A.43). Merken Sie bitte die Division durch "E" bzw. "n" vor der Speicherung.

Speicher 18 wird mit "0" belegt (A.45), ($\alpha=0$: die Achsen x_o und y_o sind parallel zu den Koordinaten-Achsen x und y). In Speicher 19 wird der gültige "E-Modul" bzw. "n-Wert" dupliziert (A.47). In Speicher 20 wird "1" geschrieben (A.49): Kennzahl für Schwerpunktachsen.

Das Programm SPA endet mit einer Flag-Befragung (A.50): bei gelöschter Flag (Eingang SPA = nur Berechnung) wird RTN eingesteuert und das Programm springt zurück.

Wurde aber der Eingang SP-QW benutzt, so wird zuerst in das Alpha-Register "Schwerpunkt"(die gewünschte Überschrift für den Ausdruck) geschrieben und nachher den Druckvorgang SPD eingeleitet: SPD folgt linear im Programm.

<u>Bemerkungen</u>: Die Flag 02 wird bei der Befragung gelöscht.
         A. = Anweisungs-Nr.

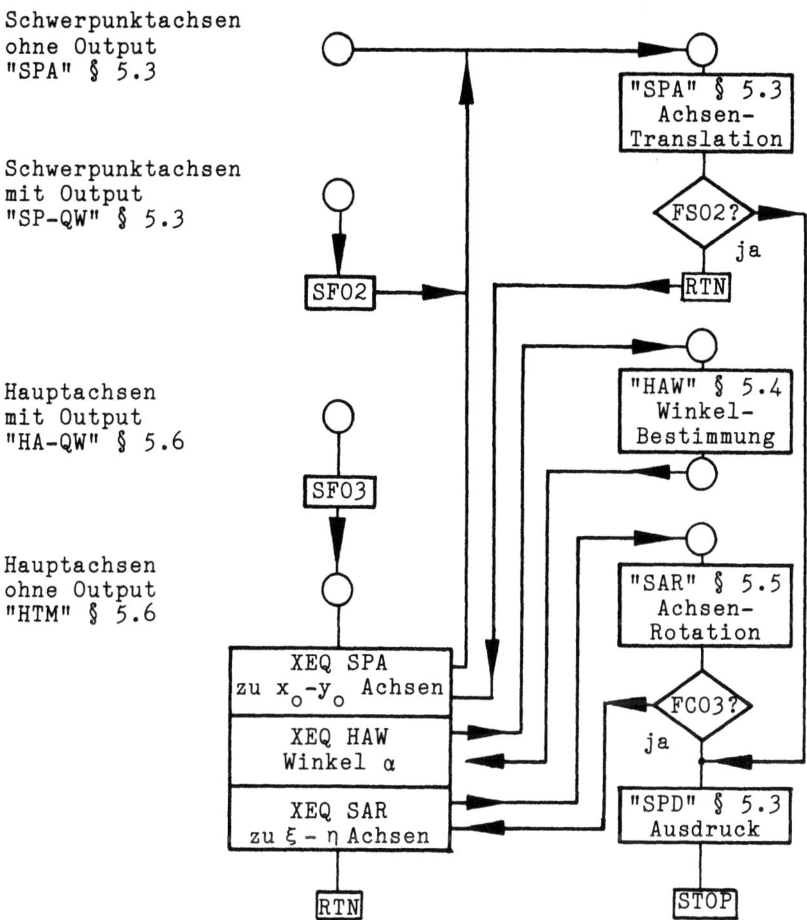

Bild 5.2

Berechnung der Querschnittswerte (bezogen auf die Schwerpunktachsen x_o und y_o) sowie der Querschnittswerte (bezogen auf die Hauptachsen ξ und η) aus der als bekannt angenommenen Querschnittswerten (bezogen auf die Koordinaten Achsen x und y).

Tabelle 5.5

Schnittstelle von "SPA"

Speicher	Input	Output
05	$E \times F$	U
06	$E \times S_y$	U
07	$E \times S_x$	U
08	$E \times J_x$	U
09	$E \times J_y$	U
10	$E \times J_{xy}$	U
11	E	U
12	B	F
13	B	x_{SP}
14	B	y_{SP}
15	B	J_{xo}
16	B	J_{yo}
17	B	J_{xoyo}
18	B	0
19	B	E
20	B	1

Bemerkung:

Wird das Programm für die Umrechnung eigener Werte verwendet, so darf man nicht vergessen, daß die Werte in den Speichern 06 bis 10 mit "E" bzw. "n" multipliziert sind (in diesem Fall mit "1"). In den Speicher "11" muß unbedingt den Wert "1" geschrieben werden.

Das Programm SP-QW setzt Flag 02 (siehe Programmbeschreibung).

B = beliebig

U = unverändert

Tabelle 5.6 Anweisungsliste für "SP-QW" und "SPA"

01 LBL^{T}SP-QW	14 /	27 RCL 13	40 -
02 SF 02	15 STO 14	28 X↑2	41 RCL 11
03 LBL^{T}SPA	16 RCL 08	29 *	42 /
04 RCL 05	17 RCL 05	30 -	43 STO 17
05 RCL 11	18 RCL 14	31 RCL 11	44 0
06 /	19 X↑2	32 /	45 STO 18
07 STO 12	20 *	33 STO 16	46 RCL 11
08 RCL 06	21 -	34 RCL 10	47 STO 19
09 RCL 05	22 RCL 11	35 RCL 05	48 1
10 /	23 /	36 RCL 13	49 STO 20
11 STO 13	24 STO 15	37 *	50 FC?C 02
12 RCL 07	25 RCL 09	38 RCL 14	51 RTN
13 RCL 05	26 RCL 05	39 *	52^{T}SCHWERPUNKT

5.3.5 Aufgabestellung für "SPD"

Das Programm ist für den Ausdruck einer Auslistung der
berechneten Schnittgrößen vorgesehen und zwar:
- bei gelöschter Flag 03 der Werte bezogen auf die x_o- und
  y_o-Achsen;

- bei gesetzter Flag 03 der Werte bezogen auf die Hauptachsen ξ und η.

Der Ausdruck erfolgt nach folgendem Schema:

Flag 03 gelöscht		Flag 03 gesetzt	
SCHWERPUNKT		TEXT siehe 5.6	
A =	(12)	A =	(12)
x =	(13)	x =	(13)
y =	(14)	y =	(14)
JX =	(15)	ALPHA=	(18)
JY =	(16)	J-KSI=	(15)
JXY=	(17)	J-ETA=	(16)

Bemerkung : (n) = Inhalt vom Register "n".

5.3.6 Schnittstelle von "SPD"

Das Programm beeinflußt keine Register. Es liest nur die
oben genannten Register. Das Programm löscht, falls vorhanden, die Flags 03 und 21.

5.3.7 Programmbeschreibung für "SPD"

Siehe Anweisungsliste (T a b e l l e 5.7). Das Pro-
gramm bietet keine Schwierigkeit.
A.54 und A.56: Flag 21 wird gelöscht und nur bei vorhandenem
Drucker gesetzt.
A.77: Bei gesetzter Flag 03 wird der Druck von JX,JY,JXY
übersprungen (GTO 00); Bei gelöschter Flag 03 wird der
Druck von ALPHA, J-KSI und J-ETA übersprungen.
A.94: GTO 01, statt RTN, schafft einen gemeinsamen Ausgang
mit Löschung der Flag 21.

Tabelle 5.7   Anweisungsliste für "SPD"

53 LBL ^{T}SPD	69 PSE	85 ARCL 16	101 PSE
54 CF 21	70 PSE	86 AVIEW	102 ENG 4
55 FS? 55	71 ^{T}Y=	87 PSE	103 ^{T}J-KSI=
56 SF 21	72 ARCL 14	88 PSE	104 ARCL 15
57 ADV	73 AVIEW	89 ^{T}JXY=	105 AVIEW
58 AVIEW	74 PSE	90 ARCL 17	106 PSE
59 PSE	75 PSE	91 AVIEW	107 PSE
60 ^{T}A=	76 FS? 03	92 PSE	108 ^{T}J-ETA
61 FIX 4	77 GTO 00	93 PSE	109 ARCL 16
62 ARCL 12	78 ENG 4	94 GTO 01	110 AVIEW
63 AVIEW	79 ^{T}JX=	95 LBL 00	111 PSE
64 PSE	80 ARCL 15	96 FIX 2	112 PSE
65 PSE	81 AVIEW	97 ^{T}ALPHA=	113 CF 03
66 ^{T}X=	82 PSE	98 ARCL 18	114 LBL 01
67 ARCL 13	83 PSE	99 AVIEW	115 CF 21
68 AVIEW	84 ^{T}JY=	100 PSE	116 RTN

5.4 Lage der Hauptachsen "HAW" (Hauptachsen-Winkel)

5.4.1 Aufgabenstellung für "HAW"

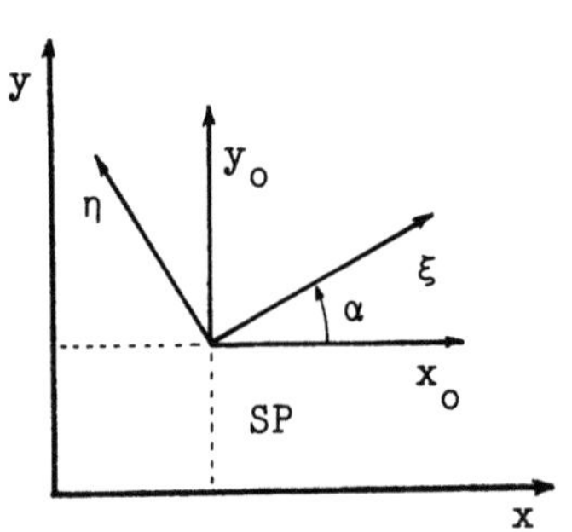

Bild 5.3
Hauptachsenlage

Das Programm rechnet aus den Trägheitsmomenten J_{xo} , J_{yo} und aus dem Zentrifugalmoment J_{xoyo}, bezogen auf die Schwerpunktachsen parallel zu den Koordinaten-Achsen, den Winkel α (von x zu ξ), siehe B i l d 5.3 .

Positive Richtung des Winkels im entgegengesetzten Uhrzeigersinn.

5.4.2 Verwendete Gleichung

Siehe Hauptträgheitsmomente in der Ebene [5] ,Seite 121.

$$\tan (2 \times \alpha) = \frac{2 \times J_{xy}}{J_y - J_x} \qquad\qquad (5.4)$$

Die Gleichung gibt (siehe 6):

- Fur $J_x > J_y$ die Orientierung der ξ-Achse (α_ξ);
- für $J_y > J_x$ die Orientierung der η-Achse (α_η)
  in diesem Fall $\alpha_\xi = \alpha_\eta \pm 90^{\circ}$

Bemerkung: Es müssen folgende Sonderfälle berücksichtigt werden:

1. $J_x \ne J_y$, und $J_{xy} = 0$: beide Achsen sind Hauptachsen,
   $$(J_\xi > J_\eta).$$

2. $J_x = J_y$, und $J_{xy} = 0$: alle Achsen durch den Schwerpunkt sind Hauptachsen, die Hauptachsenlage ist unbestimmt.

3. $J_x = J_y$, und $J_{xy} \ne 0$: $\alpha = \pm 45^{\circ}$.

5.4.3 Schnittstelle von HAW

Tabelle 5.8
Schnittstelle von HAW

Register	Input	Output
15	J_{xo}	U
16	J_{yo}	U
17	$J_{xo,yo}$	U
18	0 bzw. B	0 oder α
20	1 bzw. B	U oder 3[*]

Wie Schnittstelle von SPA. Der berechnete Winkel ersetzt den Wert 0 in Speicher 18. Der Speicher 20 behält sein Wert: die Werte in den Speichern 15 bis 17 beziehen sich noch auf Schwerpunktachsen; nur in einem Fall [*]...

B = beliebig; U = unverändert; *) 3 = unbestimmte Lage.

Tabelle 5.9

Anweisungsliste für "HAW"

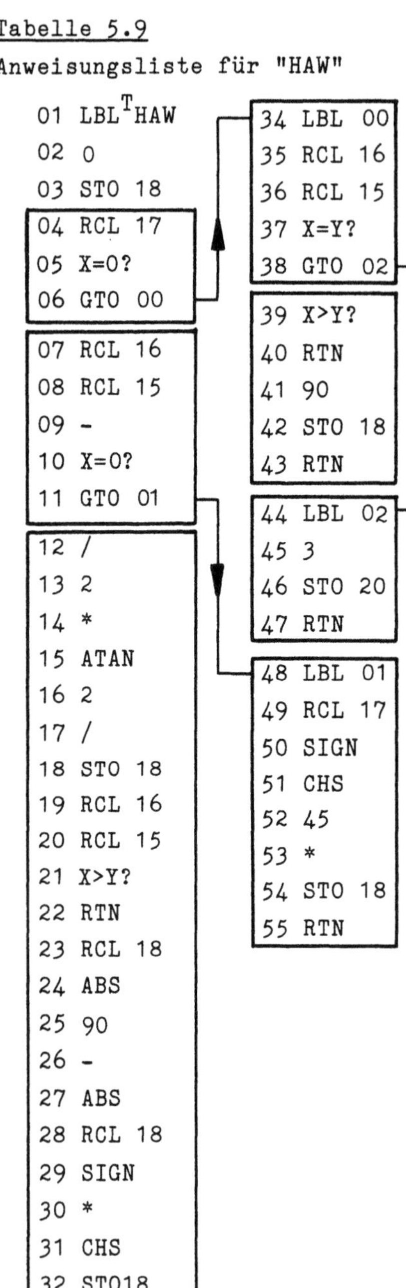

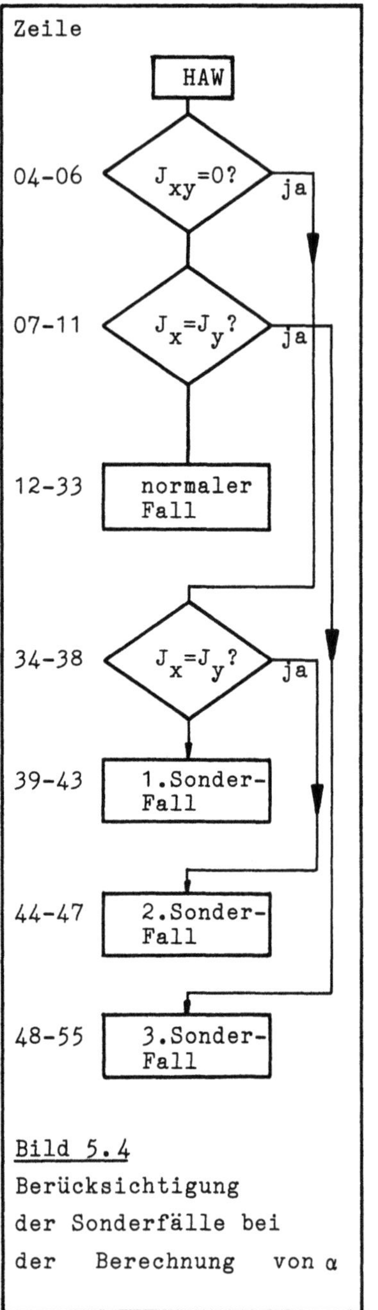

Bild 5.4

Berücksichtigung der Sonderfälle bei der Berechnung von α

5.4.4 Programmbeschreibung für "HAW"

Der Speicher 18 wird initialisiert, $\alpha = 0$ (Anweisung 03).
Durch drei Vergleichsoperationen und drei bedingte Programm-
verzweigungen (B i l d 5.4) wird der zutreffende Be-
rechnungsblock (von den 4 möglichen) angesteuert.

<u>Normaler Fall</u> (An. 12 bis 33). Der Winkel α wird nach Gl.
(5.4) berechnet und in das Register 18 gespeichert.
- Bei $J_x > J_y$ ist der berechnete Wert $\alpha = \alpha_\xi$, das Programm
  springt in diesem Fall zurück (RTN - A. 22).
- Ist aber $J_x < J_y$, dann ist $\alpha = \alpha_\eta$.

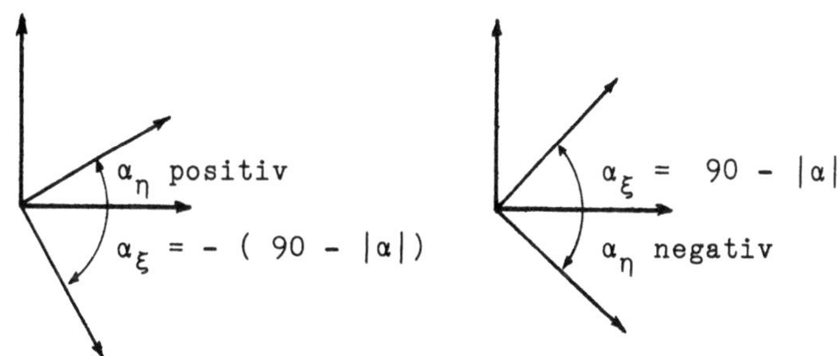

<u>Bild 5.5</u> Bestimmung von α_ξ bei $\alpha = \alpha_\eta$

Man rechnet in diesem Fall, An. 23 bis 27, zuerst den
absoluten Wert von $\alpha = (90 - |\alpha_\xi|)$ und wählt als Vorzeichen
das entgegengesetzte Vorzeichen von α .

<u>1. Sonderfall</u> (An. 39 bis 43): beide Achsen sind Haupt-
achsen.
- Wenn $J_x > J_y$, dann ist $\alpha_\xi = 0$ (initialisierter Wert: A. 03).
- sonst ist $\alpha_\xi = 90°$.

<u>2. Sonderfall</u> (An. 44 bis 47): alle Achsen durch den Schwer-
punkt sind Hauptachsen - die Hauptachsenlage ist unbestimmt.
Der Winkel α bleibt = 0 : in den Speicher 20 wird aber
die Kennzahl 3 geladen.

<u>3. Sonderfall</u> (An. 48 bis 55).
- bei positivem J_{xy}: α_ξ = +45°
- bei negativen J_{xy}: α_ξ = -45°.

5.5 Schwerpunktachsen-Rotation "SAR"

Trägheitsmomente und Zentrifugalmoment bei einer Rotation des Achsenkreuzes.

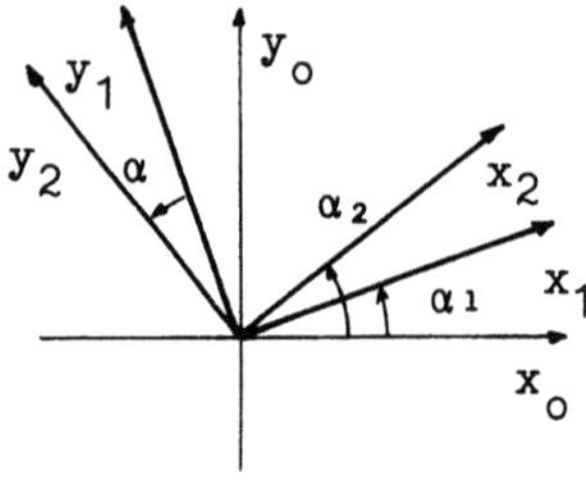

Bild 5.6

Achsenkreuzrotation

Bekannt sind:

J_{x1}, J_{y1}, $J_{x1,y1}$, bezogen auf das Achsenkreuz x_1-y_1. Bekannt ist der Winkel zwischen x_1 und x_2: $\alpha = \alpha_2 - \alpha_1$ Unbekannt sind die entsprechenden Werte:

J_{x2}, J_{y2}, $J_{x2,y2}$, bezogen auf das Achsenkreuz x_2-y_2.

5.5.1 Aufgabenstellung für "SAR"

Das Programm rechnet aus den Trägheits- und Zentrifugal-momenten, bezogen auf die Achsen x_1 und y_1, die entsprechenden Werte, bezogen auf die Achsen x_2 und y_2.
Wird die Lage der Achsenkreuze durch den Winkel zur Koordinaten-Achse ausgedruckt, so gilt im allgemeinen :

$$\alpha = \alpha_{neu} - \alpha_{alt}$$

5.5.2 Verwendete Gleichungen

Siehe [3], Seite 96, bzw. [7], Seite 117 (nach Umrechnung der Gleichungen: $J_x + J_y = J_p$ (konstant).

$$J_{x2} = \frac{J_{x1} + J_{y1}}{2} + \frac{J_{x1} - J_{y1}}{2} \times \cos(2 \times \alpha) - J_{x1,y1} \times \sin(2 \times \alpha) \qquad (5.5)$$

$$J_{y2} = \frac{J_{x1} + J_{y1}}{2} - \frac{J_{x1} - J_{y1}}{2} \times \cos(2 \times \alpha) + J_{x1,y1} \times \sin(2 \times \alpha) \qquad (5.6)$$

$$J_{x2,y2} = \frac{J_{x1} - J_{y1}}{2} \times \sin(2 \times \alpha) + J_{x1,y1} \times \cos(2 \times \alpha) \qquad (5.7)$$

Tabelle 5.10

Schnittstelle von "SAR"

Speicher	Input	Output
15	J_{x1}	J_{x2}
16	J_{y1}	J_{y2}
17	$J_{x1,y1}$	$J_{x2,y2}$
18	α	U

Bemerkung :

Die INPUT-Speicher von SAR entsprechen den Output-Speichern von HAW. HAW lädt in Speicher 18 den Winkel α . Bei Benutzung des Programmes SAR nach HAW werden Haupt-Trägheitsmomente gerechnet; das Zentrifugalmoment wird Null.

Tabelle 5.11   Anweisungsliste für "SAR"

01 LBL^{T}SAR	13 *	25 RCL 04	37 +
02 RCL 15	14 COS	26 *	38 STO 16
03 RCL 16	15 STO 03	27 -	39 RCL 02
04 +	16 LAST X	28 STO 15	40 RCL 04
05 2	17 SIN	29 RCL 01	41 *
06 /	18 STO 04	30 RCL 02	42 RCL 17
07 STO 01	19 RCL 01	31 RCL 03	43 RCL 03
08 RCL 16	20 RCL 02	32 *	44 *
09 -	21 RCL 03	33 -	45 +
10 STO 02	22 *	34 RCL 17	46 STO 17
11 RCL 18	23 +	35 RCL 04	47 RTN
12 2	24 RCL 17	36 *	

5.5.3 Programmbeschreibung für "SAR"

Man rechnet zuerst und lädt in die Speicher 01 bis 04 folgende Hilfswerte (A. 01 bis 18):

$$(01) = \frac{J_{x1}+J_{y1}}{2} \qquad\qquad (02) = \frac{J_{x1}-J_{y1}}{2}$$

$$(03) = \cos(2 \times \alpha) \qquad\qquad (04) = \sin(2 \times \alpha)$$

Folgt die Berechnung und Speicherung von J_{x2} nach Gl.(5.5), (A.28), von J_{y2} nach Gl. (5.6), (A.38), und von $J_{x2,y2}$ nach Gl. (5.7), (A.46).

5.6 Hauptträgheitsmomente aus den Querschnittsgrößen, bezogen auf die Kooordinaten-Achsen "HA-QW" und "HTM"

5.6.1 Aufgabenstellung für "HTM"

Bekannt sind die 6 Querschnittswerte: A, S_x, S_y, J_x, J_y, J_{xy}. Das Programm muß rechnen: Schwerpunktlage, Hauptachsenlage, Hauptträgheitsmomente.

5.6.2 Aufgabenstellung für "HA-QW

Das Programm "HA-QW" (Haupt-Achsen-Querschnitts-Werte) rechnet wie "HTM" und druckt die berechneten Größen aus.

5.6.2 Verwendete Gleichungen

Gleichungen (5.1) bis (5.7). Siehe 5.3 bis 5.5.

5.6.3 Lösungsweg
von Koordinaten- zu Schwerpunkt- und zu Hauptachsen

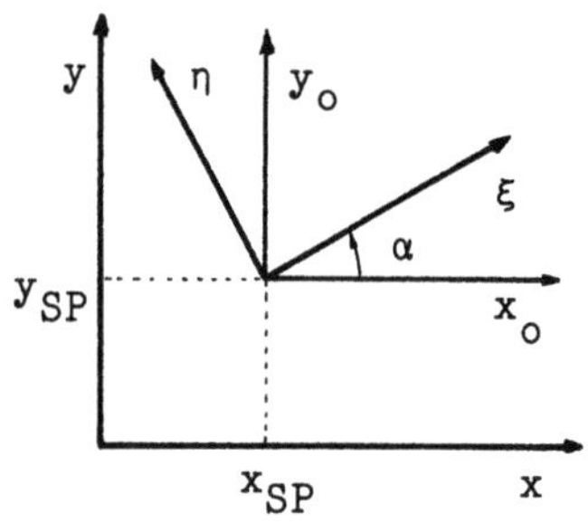

Die "Berechnung" erfolgt (siehe B i l d 5.7) in drei Etappen, unter Zuhilfenahme der 3 Subroutine für die Querschnittswerte-Umrechnung bei "Translation" (SPA), für die Bestimmung des Winkels (HAW), sowie für die Querchnittswerte-Umrechnung bei "Rotation" von Achsen (SAR).
Siehe dazu Flußdiagramm (B i l d 5.2).

<u>Bild 5.7</u> Translation von Koordinaten- zu Schwerpunktachsen und Rotation von Schwerpunkt- zu Hauptachsen.

Tabelle 5.12 Schnittstelle von "HTM"

	"SPA"		"SAR"		End-
	Input	Output	Input	Output	Werte
	Anfangs-Werte	Input	Output	Input	Output
		"HAW"		"SPD"	
05	$E \times A$	U	U	U	U
06	$E \times S_y$	U	U	U	U
07	$E \times S_x$	U	U	U	U
08	$E \times J_x$	U	U	U	U
09	$E \times J_y$	U	U	U	U
10	$E \times J_{xy}$	U	U	U	U
11	E	U	U	U	U
12	B	A	A	A	A
13	B	x_{SP}	x_{SP}	x_{SP}	x_{SP}
14	B	y_{SP}	y_{SP}	y_{SP}	y_{SP}
15	B	J_{xo}	J_{xo}	J_ξ	J_ξ
16	B	J_{yo}	J_{yo}	J_η	J_η
17	B	$J_{xo,yo}$	$J_{xo,yo}$	0	0
18	B	0	α	α	α
19	B	E	E	E	E
20	B	1	1 evtl.3	2	U
		nach "SPA"	nach "HAW"	nach "SAR"	nach "SPD"

Tabelle 5.13 Anweisungsliste für "HA-QW" und "HTM"

```
01 LBL^T HA-QW    07 RCL 20      13 GTO 01        19 ^T HAUPTACHSEN
02 SF 03          08 X=Y?        14 LBL 00        20 LBL 02
03 LBL^T HTM      09 GTO 00      15 ^T ALLE ACHSEN  21 FS? 03
04 XEQ^T SPA      10 XEQ^T SAR   16 ^T ⊢HAUPTACHSEN 22 XEQ^T SPD
05 XEQ^T HAW      11 2           17 GTO 02        23 RTN
06 3              12 STO 20      18 LBL 01
```

5.6.4 Programmbeschreibung für HTM

(Siehe T a b e l l e 5.12 und 5.13).

Bei gewünschtem Druck wird Flag 03 gesetzt (HA-QW, A.02).
HTM startet mit gelöschter Flag 03.

Nach einer Achsen-Translation von x-y-Achsen zu x_o-y_o-Achsen
wird der Winkel α berechnet (A.04 und 05). Nachher wird
der Inhalt des Speichers 20 überprüft.

- Bei (20) = 3, 2. Sonderfall nach 5.4.4, ist eine weitere
  Berechnung unnötig: x_o und y_o sind, wie alle Achsen durch
  den Schwerpunkt, Hauptachsen. Über GTO 00 (A.9 TO A.14)
  wird die Meldung "Alle Achsen Hauptachsen" in den Alpha-
  Register geladen und das Programm springt, über GTO 02,
  zur Anweisung 20.

- Bei (20) $\neq$ 3 wird eine Achsen-Rotation (A.10) über SAR
  verlangt und 2 als Kennzahl, nach erfolgter Umrechnung
  zu Hauptachsen, in Speicher 20 geladen (A.20). Über GTO
  01 (A.13 TO A.18) wird in Alpha-Register die Meldung
  "Hauptachsen" geladen.

Nachher wird in der Anweisung 21 Flag 03 überpruft und
bei gesetzter Flag die Druckroutine SPD aufgerufen.
Die Flag 03 wird in diesem Fall die besonderen Hauptachsen-
Meldungen (ALPHA, JKSI, JETA) hervorrufen (siehe 5.3.7).

Das Flußdiagramm (B i l d 5.2) zeigt das Zusammenwirken
der Programme und besonders die Flagsbenutzung.

5.7 Von x-y-zu ξ-η-Koordinaten "XYKSI" bzw. allgemeine Koordinatenumwandlung

5.7.1 Aufgabenstellung

Das Programm rechnet aus den x-y-Koordinaten die Koordinaten bezogen auf ein beliebiges rechtwinkliges Achsenkreuz. Die Schnittstelle wird so geplant, daß sie nach der Berechnung der Hauptträgheitsmomente (SAR) mit den Werten geladen ist, die eine Umwandlung zu Hauptachsen steuern.

5.7.2 Vorgesehener Lösungsweg

Unter Benutzung der zwei Funktionen R-P "Rechtwinklig zu Polar" und P-R "Polar zu rechtwinklig" (siehe [9], Seite 92) kann man eine schnelle Lösung nach folgendem Schema erreichen (siehe B i l d 5.8).

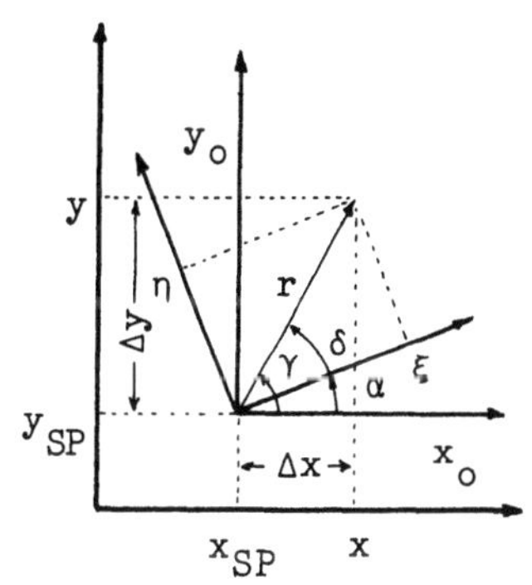

Man rechnet :

$$\Delta x = x - x_{SP}$$

$$\Delta y = y - y_{SP}$$

Aus Δx und Δy werden die Polarkoordinaten (r und γ), bezogen auf die x_o-y_o-Achsen berechnet.

Die Polar-Koordinaten bezogen auf ξ-η sind : r und $\delta = \gamma - \alpha$ (Änderung des Winkels).

Bild 5.8
ξ-η-Koordinaten aus
x-y-Koordinaten.

Aus den polaren Koordinaten werden durch P-R die rechtwinkligen Koordinaten berechnet.

Das gleiche gilt sinngemäß für die allgemeine Koordinatenumwandlung.

<u>Tabelle 5.14</u>

Schnittstelle von XYKSI

Speicher	Input	Output
13	x_{SP}	x_{SP}
14	y_{SP}	y_{SP}
18	α	α
1	x	B
2	y	B
27	B	ξ
28	B	η

Bei einer allgemeinen Koordinatenumwandlung werden in die Speicher 13 und 14 die Koordinaten des neuen Achsen-Ursprunges und in den Speicher 18 der Winkel (siehe B i l d 5.8) geladen. Anfangs- und Endkoordinaten wie in Schnittstelle.

<u>Tabelle 5.15</u>   Anweisungsliste für "XYKSI"

01 LBL^{T}XYKSI	06 RCL 13	11 -	16 STO 28
02 RCL 02	07 -	12 X<>Y	17 RTN
03 RCL 14	08 R-P	13 P-R	
04 -	09 X<>Y	14 STO 27	
05 RCL 01	10 RCL 18	15 RDN	

<u>5.7.3 Programmbeschreibung für XYKSI</u>

Siehe 5.7.2.

6 Querschnittsgrößen, bezogen auf die Koordinatenachsen, aus den Teilflächenwerten, bezogen auf die eigenen Bezugsachsen

6.1 Allgemeines

Alle Programme für die Berechnung der Querschnittsgrößen (siehe T a b e l l e 2.1) rechnen wie folgt (siehe dazu Flußdiagramm B i l d 6.1):

Sie halten nach dem Durchlauf eines formunabhängigen (d.h. für alle Programme gültigen) Programmteils (Block A) beim Stop-Punkt (2).

Werden sie wieder gestartet, so rechnen sie weiter; die meisten (siehe 8.1 bis 8.7) nach dem links gezeichneten allgemeinen Schema:

Block B: Eingabe von Form-Werten und Berechnung der Querschnittsgrößen, bezogen auf die eigenen Bezugsachsen.
Block C: Eingabe der Lage und Orientierung der Bezugsachsen sowie Berechnung der Querschnittsgrößen, bezogen auf die Achsen x_0 und y_0, durch den Schwerpunkt, parallel zu den Koordinatenachsen.
Block D: Berechnung der Querschnittsgrößen, bezogen auf die Koordinatenachsen.

Andere Programme, z.B. das "Polygonfläche-Programm" (siehe 8.8), laufen nach einem anderen Schema und rechnen direkt Querschnittsgrößen, bezogen auf die Koordinatenachsen (Schema rechts).

In beiden Fällen werden aber im Block E die n-Werte bzw. die E-Module berücksichtigt (2.2.2 bzw. 2.2.4) und durch Addition der Werte der Teilfläche die Querschnittswerte des gesamten Querschnitts gebildet.

Die Programme laufen dann wieder zum Punkt (2) und können wieder gestartet werden für die Eingabe anderer Teilflächen.

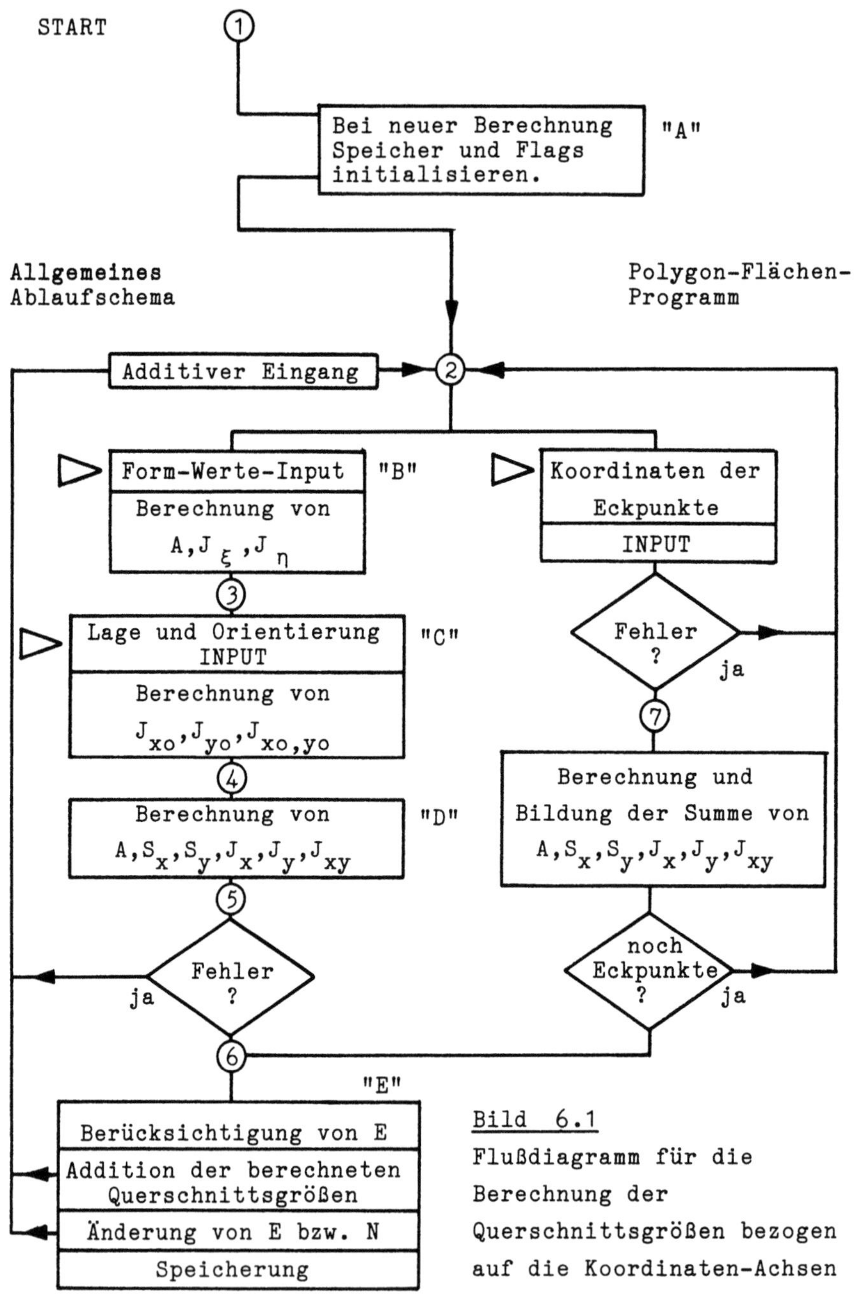

Bild 6.1

Flußdiagramm für die Berechnung der Querschnittsgrößen bezogen auf die Koordinaten-Achsen

Einige Teile dieser Programme, z.B Block B und INPUT-Teil vom Block C in dem Schema links, sowie die Blöcke in dem Schema rechts (mit Ausnahme der Fehler-Befragung) sind formbedingt. Sie werden im Kapitel 8 beschrieben.

Andere Programmteile (Blöcke A, C, D und E und Fehler-Befragung) werden von allen Programmen gemeinsam benutzt: sie werden in diesem Kapitel behandelt.

6.2 Die START-Routine "SB-0"

(entspricht Block A im Flußdiagramm)

6.2.1 Der Sprung zur START-Routine

Alle Programme springen nach dem Start zur Start-Routine "SB-0". Unmittelbar vor dem Sprung wird in das Alpha-Register der Name des additiven Eingangs geladen (siehe: Paarung der Programmnamen und der Adressen des additiven Eingangs in der T a b e l l e 6.1).

6.2.2 Die Aufgabe der Start-Routine

Die Routine speichert den Namen des additiven Eingangs in den für indirekte Adressierung vorgesehenen Speicher 21 und nach Anzeige-Befragung:

- entweder initialisiert sie, bei der Eingabe des ersten Flächenanteils (neue Berechnung) die Speicher 00, 05 bis 11 (siehe T a b e l l e 4.1), den Kennzahlspeicher 20 (siehe 4.2.2 "Spalte B": 0 bedeutet, daß in den Speichern 12 bis 19 Teilflächen bearbeitet werden), löscht die Flags 00 bis 07 (siehe 4.3 bis 4.3.8), lädt in den Speicher 11 die Zahl "1" (n=1) und protokolliert die erfolgte Initialisierung:
    QUERSCHNITTSWERTE...NULLSTELLUNG.

- oder sie (ab 2. Teilfläche) lädt 0 in den Speicher 20 und springt zurück ohne andere Änderungen zum Hauptprogramm.

Tabelle 6.1

Programmnamen

und additive Eingänge

PUNKT	AE-1
RECHT	AE-2
KREIS	AE-3
VIELECK	AE-4
PLATBAL	AE-5
PROFIL	AE-6
POLYGON	AE-7
WERTE	AE-8
R-CARD	AE-0
ANW-1	AE-9
SIGMA	AE-15

6.2.3 Schnittstelle von "SB-0"

Nach Durchlauf dieser Routine:
Speicher 21 = Alpha-Register
Speicher 20 = 0

Neue Berechnung

Die Speicher 00, 05 bis 10 und 20 haben Wert 0, der Speicher (11) = 1, die Flags 00 bis 07 werden gelöscht.

Sonst :

alle Speicher, mit Ausnahme von 21 und 20, und alle Flags bleiben bei dem alten Wert.

Tabelle 6.2   Anweisungsliste für "SB-0"

01 LBL^{T}SB-0	14 ^{T}⊢WERTE	27 CF 06
02 ASTO 21	15 AVIEW	28 CF 07
03 0	16 PSE	29 0
04 STO 20	17 ^{T}NULLSTELLUNG	30 STO 00
05 ^{T}NEUE BERECHNUNG	18 AVIEW	31 STO 05
06 ^{T}⊢ ?	19 PSE	32 STO 06
07 XEQ^{T}GR	20 CF 21	33 STO 07
08 X=0?	21 CF 00	34 STO 08
09 RTN	22 CF 01	35 STO 09
10 FS? 55	23 CF 02	36 STO 10
11 SF 21	24 CF 03	37 1
12 ADV	25 CF 04	38 STO 11
13 ^{T}QUERSCHNITTS-	26 CF 05	39 RTN

6.2.4 Programmbeschreibung für "SB-0"

Der Name des additiven Eingangs im Alpha-Register wird
in den Speicher 21 abgelegt (A.02); der Speicher 20 wird
= 0. Es folgt über die Routine "GR" (5.2) die Frage:

"Neue Berechnung ?"

Bei Antwort "nein" (=0): RTN. Alle anderen Speicher und
die Flags bleiben bei den alten Werten.

Bei "ja" (=1 oder jede andere Zahl) erfolgt die Meldung:

"Querschnittswerte","Nullstellung"

Die Flags 00 bis 07 (A.21 bis 28) werden gelöscht, die
Speicher 00 und 05 bis 10 werden = 0 gesetzt, der Speicher 11 wird "1" (n=1). RTN bei der Anweisung 39.

6.3 Geneigte Achsen "SB-1" "BETA"

6.3.1 Allgemeines

Die Bezugsachsen der Teilfläche dürfen beliebige Lage haben.

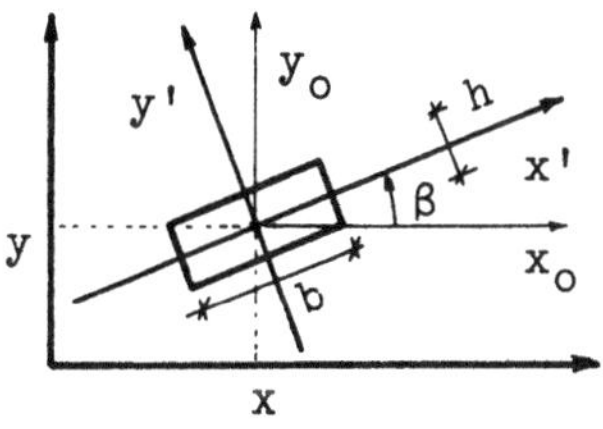

Bild 6. 1
geneigte Rechtecke

Eingabe für geneigtes Rechteck, siehe 8.3 (geneigte Rechtecke kleiner Stärke kommen oft bei der Berechnung von Blech-Profilen vor):
Winkel β ,
Abmessungen b und h
Koordinaten x_{SP}, y_{SP}

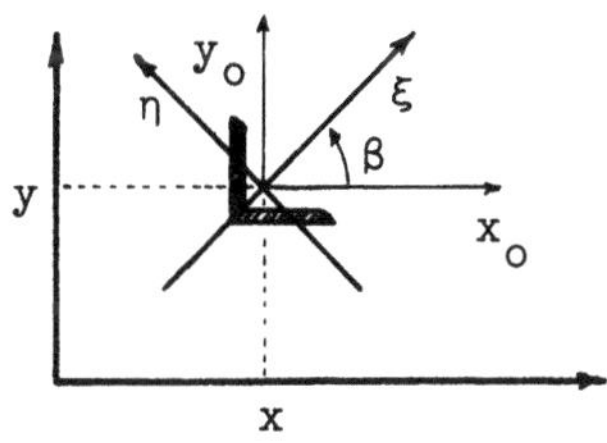

Bild 6. 2
Profileingabe

Auch bei der Eingabe von Profilen (Profil-Programm: § 8.7) sind uns nur Querschnittswerte bezogen auf geneigte Hauptachsen bekannt:
Winkel β
A, J_ξ, J_η
x_{SP}, y_{SP}

6.3.2 BETA möglich, meistens aber = 0

Die Eingabe einer Achsenneigung erfolgt zuerst bei dem vorgesehenen "Stop" im Punkt (2): siehe 2.3. Man tippt:

BETA-WERT XEQ ALPHA BETA ALPHA.

Die Routine BETA lagert "- β" in den Speicher 18 und setzt Flag 04 (4.3.5).

<u>Bemerkung</u>: Der Winkel BETA gilt nur für eine Fläche; muß jedesmal, falls $\neq$ 0, neu angegeben werden.

6.3.3 Aufgabenstellung für "SB-1"

(Entspricht Block C im Flußdiagramm, B i l d 6.1)

Das Programm rechnet bei gesetzter Flag 04 aus den vorhandenen Querschnittsgrößen die zugehörigen Werte, bezogen auf die Achsen x_o und y_o.

Bei gelöschter Flag 04 wird SB-1 übersprungen, und das Programm springt zu "SB-2", Block D Punkt (4).

6.3.4 Aufgabenstellung für "BETA"

Die Routine Beta lagert - β im Speicher 18, setzt die Flag 04 und springt zurück zum Punkt (2), zum additiven Eingang (GTO IND 21).

<u>Tabelle 6.3</u>
Schnittstelle von "SB-1"

Speicher	Input	Output
12	ΔA	ΔA
13	x_{SP}	x_{SP}
14	y_{SP}	y_{SP}
15	$\Delta J_{x'}$	ΔJ_{xo}
16	$\Delta J_{y'}$	ΔJ_{yo}
17	$\Delta J_{x'y'}$	ΔJ_{xoyo}
18	- β	U

Das Hauptprogramm lagert in den Speichern 15-17 die Anfangswerte für eine Achsen-Rotation: siehe SAR, 5.5, T a b e l l e 5.10 . Der Winkel in (18) wurde negativ gespeichert (Rotation in Uhrzeigersinn).

<u>Tabelle 6.4</u>

Anweisungsliste für "SB-1" und "BETA"

01 LBL ^{T}SB-1	06 RCL 18	11 GTO^{T}SB-2	16 0
02 FC?C 04	07 FIX 2	12 LBL^{T}BETA	17 STO 20
03 GTO^{T}SB-2	08 CHS	13 CHS	18 GTO IND 21
04 XEQ^{T}SAR	09 SF 02	14 STO 18	
05 ^{T}BETA=	10 XEQ^{T}IR	15 SF 04	

6.3.5 Programmbeschreibung für "SB-1" und "BETA"

Bei gelöschter Flag 04 (A.02) Sprung nach SB-2.

Bei gesetzter Flag 04 erfolgt eine Achsen-Rotation $(-\beta)$, Anweisung 04, und der Winkel wird protokolliert, "IR"(A.10). Nachher Sprung nach SB-2.

Die Routine BETA, A.12 bis A.18, lagert den Winkel in (18) und springt zurück zu IND 21, d.h. nach Punkt (2).

6.4 Von Schwerpunktachsen zu Koordinaten-Achsen "SB-2"

(entspricht Block D im Flußdiagramm)

6.4.1 Aufgabenstellung für "SB-2"

Bekannt sind: Fläche (ΔA), Schwerpunkt (x_{SP}, y_{SP}), Trägheits- und Zentrifugalmoment $(\Delta J_{xo}, \Delta J_{yo}, \Delta J_{xo,yo})$ der Teilfläche, bezogen auf ein Achsenkreuz mit Zentrum im Schwerpunkt.

Das Programm rechnet die 6 Querschnittsgrößen ΔA, ΔS_x, ΔS_y, ΔJ_x, ΔJ_y, ΔJ_{xy} , bezogen auf die Koordinaten-Achsen.

6.4.2 Benutzte Gleichungen (Steinersche Sätze)

$$S_x = A \times y_{SP} \tag{6.1}$$

$$S_y = A \times x_{SP} \tag{6.2}$$

$$J_x = J_{xo} + A \times y_{SP}^2 \tag{6.3}$$

$$J_y = J_{yo} + A \times x_{SP}^2 \tag{6.4}$$

$$J_{xy} = J_{xo,yo} + A \times x_{SP} \times y_{SP} \tag{6.5}$$

Tabelle 6.5

Schnittstelle von "SB-2"

Speicher	Input	Output
12	ΔA	ΔA
13	x_{SP}	ΔS_y
14	y_{SP}	ΔS_x
15	ΔJ_{xo}	ΔJ_x
16	ΔJ_{yo}	ΔJ_y
17	ΔJ_{xoyo}	ΔJ_{xy}
20	0	0

Die Speicher 12 bis 17 werden sowohl für die Eingabe als auch für die Ausgabe benutzt.

Für die möglichen Benutzungen dieser Speicher siehe 4.2.3. Der Kennzahlspeicher 20 hat den Wert "0": es werden Teilflächen gespeichert!

Tabelle 6.6   Anweisungsliste für "SB-2"

01 LBL^{T}SB-2	07 RCL 12	13 RCL 13	19 ST* 13
02 RCL 12	08 RCL 13	14 *	20 ST* 14
03 RCL 14	09 X↑2	15 RCL 14	21 FS?C 07
04 X↑2	10 *	16 *	22 RTN
05 *	11 ST+ 16	17 ST+ 17	23 LBL^{T}SB-3
06 ST+ 15	12 RCL 12	18 RCL 12	

6.4.3   Programmbeschreibung für "SB-2"

Man rechnet zuerst die Steinerschen Translation-Inkremente, nach dem Pluszeichen in den Gn. (6.3),(6.4) und (6.5), und addiert diese Werte zum Inhalt der Speicher 15 (A.06), 16 (A.11) und 18 (A.17). Nachher werden die Koordinaten (in den Speichern 13 und 14) mit der Fläche multipliziert: man erhält die statischen Momente.

Bemerkung: Möchte man das Programm als Routine für eigene Programme benutzen, so springt man in die Routine mit gesetzter Flag 07 (siehe § 4.3.8): der Rücksprung aus der Routine erfolgt über RTN (A.22). Die Flag 07 wird bei der Befragung gelöscht (gilt nur einmal!). Normalerweise ist die Flag 07 gelöscht und das Programm läuft zu SB-3 (siehe nächsten § 6.5).

6.5 Eingaben-Korrektur "SB-3" "FEHLER"

Ab Punkt (5): siehe Flußdiagramm im B i l d 6.1 .

6.5.1 Vorbemerkung

Nach der Berechnung der Querschnittsgröße-Anteile im Block "D", bzw. nach der Eingabe der Eckpunkt-Koordinaten (Polygonflächen-Programm) werden zwei Möglichkeiten geplant, falsche Eingaben zu wiederholen.

Wird die Befragung "FEHLER ?" mit "1" (ja) beantwortet, so ist in beiden Fällen ein Sprung nach Punkt (2) vorgesehen.
Nach "0" (nein - kein Fehler) sind aber zwei verschiedene Ziele , Sprung nach (6), Programm links, und Sprung nach (7), Programm rechts, geplant.

Man benutzt in beiden Fällen die gleiche Routine. Das Befragungsprogramm (SB-3)(B i l d 6.4) ist zwischen Block D und Block E vorgesehen. Durch die indirekt adressierbaren Ausgangsziele und die Flagsteuerung wird es aber nicht nur für das Polygonflächen-Programm (siehe dazu 8.8) sondern auch für andere Programme benutzbar.

6.5.2 Aufgabenstellung für "SB-3"

Nach der Befragung (nur Anzeige) "FEHLER ?" müssen folgende Sprünge vorgesehen werden:
- bei Antwort "ja" (1 bzw. beliebige Zahl) immer zu IND 21, gleichzeitig wird immer Flag 04 gelöscht : eine evtl. vorhandene Winkeleingabe, siehe BETA, 6.3.2, wird annulliert. Wenn Flag 06 gesetzt ist, wird dazu auch Flag 05 gelöscht.
- bei Antwort "nein" (0):
  wenn Flag 05 gesetzt ist, Sprung nach IND 26;
  wenn Flag 05 gelöscht ist, Sprung nach SB-4.

Ein direkter Aufruf des Programms muß vorgesehen werden. Bei direktem Aufruf: gleiche Wirkung wie Antwort "ja".

<u>Tabelle 6.7</u> Anweisungsliste für "SB-3"

23 LBL ^{T}SB-3	28 LBL ^{T}FEHLER	33 LBL 00
24 ^{T}FEHLER ?	29 CF 04	34 CF 00
25 XEQ ^{T}GR	30 FS?C 06	35 FS? 05
26 X=0 ?	31 CF 05	36 GTO IND 26
27 GTO 00	32 GTO IND 21	37 LBL ^{T}SB-4

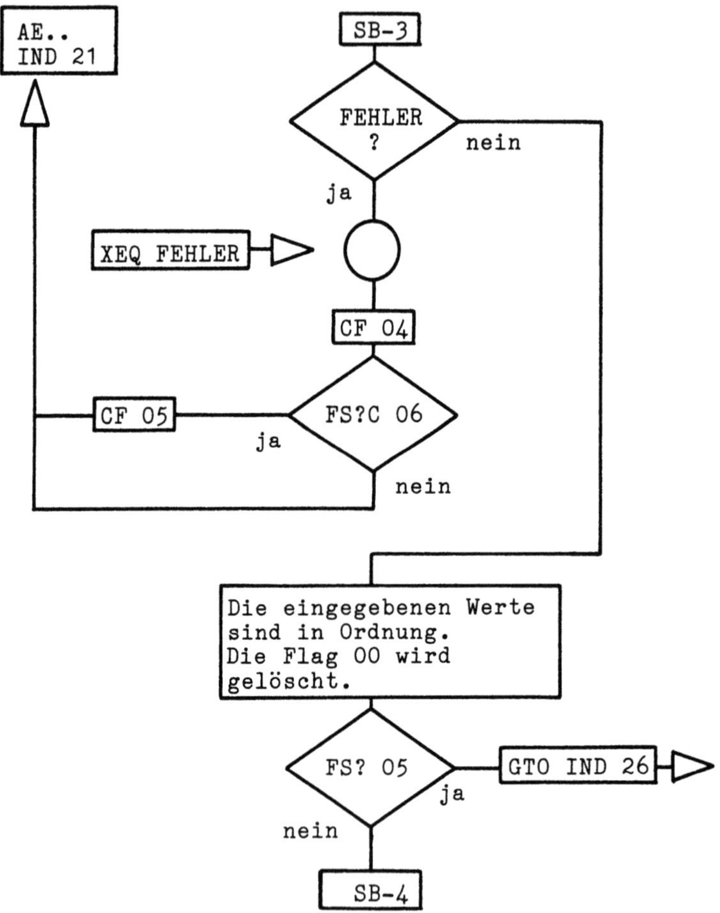

<u>Bild 6.4</u> Flußdiagramm für "SB-3"

6.6 E- bzw. n-Berücksichtigung "SB-4"
Addition in Summenspeicher "SB-5"

(Anfang vom Block E im Flußdiagramm, B i l d 6.1).

6.5.1 Aufgabenstellung

Die Querschnittsgröße Anteile in den Speichern 12 bis 17 (Teilflächen-Speicher), werden mit dem "E-Modul" bzw. "n-Wert" (gespeichert in 11) multipliziert (siehe 2.2). Es folgt LBL SB-5. Im zweiten Programmteil werden diese Werte zu den Werten in den Speichern 05 bis 10 (Summenspeicher für Gesamtquerschnitt) addiert.

Nachher zurück zum Punkt (2), IND 21.

Tabelle 6.8
Schnittstelle von "SB-4" und "SB-5"

Speicher	Input		Output		Speicher	Output
11	E		E			
12	ΔA		$\Delta A \times E$	$\rightarrow$	05	$\Sigma \Delta A \times E$
13	ΔS_y		$\Delta S_y \times E$	$\rightarrow$	06	$\Sigma \Delta S_y \times E$
14	ΔS_x	$\times E$	$\Delta S_x \times E$	$\rightarrow$	07	$\Sigma \Delta S_x \times E$
15	ΔJ_x		$\Delta J_x \times E$	$\rightarrow$	08	$\Sigma \Delta J_x \times E$
16	ΔJ_y		$\Delta J_y \times E$	$\rightarrow$	09	$\Sigma \Delta J_y \times E$
17	ΔJ_{xy}		$\Delta J_{xy} \times E$	$\rightarrow$	10	$\Sigma \Delta J_{xy} \times E$

6.6.2 Programmbeschreibung für "SB-4" und "SB-5"

Die Programme benutzen indirekte Adressierung und Schleifen. Beide Programme benutzen als Zähler das Register 01. 12.017 (A.38) und 5.010 (A.46) enthalten Anfangs- und Endwert der Laufvariable. Bei dem zweiten Programmteil, ab LBL SB-5, wird die Tatsache ausgenutzt, daß die Adresse der Endspeicher = Adresse der Anfangsspeicher + 7 sind. Entwurf anhand des Flußdiagrammes, B i l d 6.5 .

<u>Tabelle 6.9</u> Anweisungsliste für "SB-4" und "SB-5"

37 LBL^{T}SB-4	44 GTO 06	51 +
38 12.017	45 LBL^{T}SB-5	52 RCL IND X
39 STO 01	46 5.010	53 ST+ IND 01
40 RCL 11	47 STO 01	54 ISG 01
41 LBL 06	48 LBL 07	55 GTO 07
42 ST* IND 01	49 RCL 01	56 GTO IND 21
43 ISG 01	50 7	

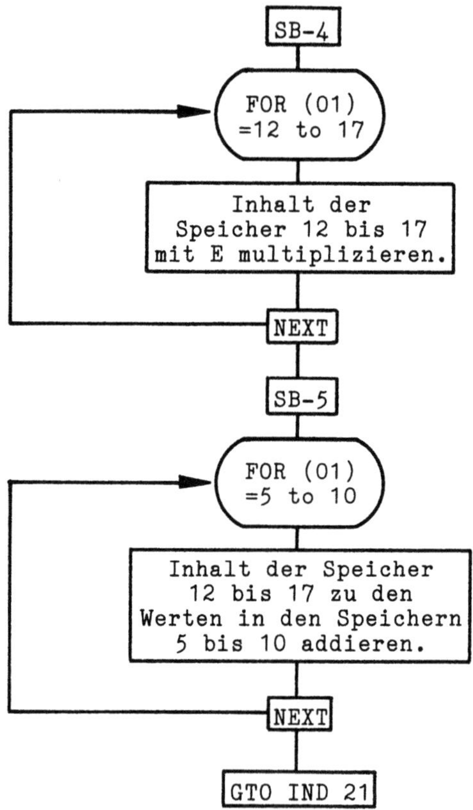

<u>Bild 6.5</u> Flußdiagramm für "SB-4" und "SB-5"

6.7 Änderung des "E-Moduls" bzw. "n-Wertes"

6.7.1 Allgemeines

Für die Berechnung der ideellen Größen von nicht homogenen Querschnitten wurden zwei Eingabe-Möglichkeiten vorgesehen:
- n-Wert-Eingabe, wie im Stahlbetonbau üblich, und
- E-Modul-Eingabe.

Die Berechnung erfolgt in beiden Fällen nach dem in 2.2.1 bis 2.2.4 vorgesehenen Schema. Kurz gesagt: man multipliziert zuerst mit "n" bzw. "E" und dividiert später durch "n" bzw. "E". Ob man n-Werte oder E-Module benutzt, ist bei diesem Verfahren gleichgültig: eine Unterscheidung ist aber für die protokollierten Meldungen nötig. Dafür Flag 01:

Flag 01 gelöscht = n-Werte

Flag 01 gesetzt = E-Module.

Beim Programmstart wird das Register 11 (vorgesehen für: E bzw. n) mit dem Wert 1 beladen und Flag 01 wird gelöscht (SB-0, T a b e l l e 6.2 , A.38): die Programme laufen mit "n-Wert-Arbeitsweise" bei n=1.

6.7.2 E-Modul-Arbeitsweise

Will man mit E-Modulen statt mit n-Werten rechnen, so muß das von Anfang an, d.h. schon vor der Eingabe der Werte der ersten Teilfläche, erfolgen.

Alle Programme halten nach dem Start bei Punkt (2), laut Flußdiagramm, B i l d 6.1 : in der Anzeige erscheint die Meldung "R/S BITTE" (siehe dazu auch B i l d 8.1). Statt R/S zu tippen, um das Programm weiter laufen zu lassen, kann man

E-Modul-Wert eingeben und nachher
XEQ ALPHA E-MODUL ALPHA   tippen.

Die E-Modul-Arbeitsweise und der E-Modul-Wert werden gespeichert und protokolliert (E-Modul= ...).

Eine Änderung des E-Modul-Wertes ist später bei jedem Stop, bei "R/S BITTE", möglich. Eine Eingabe von n-Werten ist aber gesperrt: alle Teilflächen müssen entweder alle mit "E" oder alle mit "n" berechnet werden.

6.7.3 "n-Wert-Arbeitsweise"

wird automatisch angenommen, falls die E-Modul-Arbeitsweise, wie vorher gesagt, nicht gemeldet wurde.

Eine Änderung des n-Wertes ist später bei jedem Halt bei "R/S BITTE" möglich: auch am Anfang, falls man nicht mit n=1 rechnen will. Man tippt

n-Wert und nachher

XEQ ALPHA N-WERT ALPHA

Der eingegebene Wert wird protokolliert (N=...).
Hat man sich für n-Werte entschieden, so ist eine spätere E-Modul-Eingabe gesperrt.

6.7.4 Aufgabenstellung für "E-MODUL"
- Wenn Flag 01 gesetzt ist, dann Wert in X-Register in Register 11 speichern;
- wenn Flag 01 gelöscht ist und Teilflächenzähler (00)=1 ist (erste Eingabe), dann Wert in X-Register in Register 11 speichern und Flag 01 setzen;
- in allen anderen Fällen "Data error" melden.

6.7.5 Aufgabenstellung für "N-WERT"

- Wenn Flag 01 gelöscht ist, dann ist der Wert in X-Register in Register 11 zu speichern;
- in allen anderen Fällen "Data Error" melden.

Bemerkung: Bei Speicherung Meldung im Protokoll vorsehen und Register 20 löschen.

Tabelle 6.10   Anweisungsliste für "E-MODUL" und "N-WERT"

01 LBL^{T}E-MODUL	10 LBL 00	19 CF 21	28 ENG 4
02 STO 02	11 ^{T}E=	20 ^{T}FEHLER	29 XEQ^{T}DR
03 FS? 01	12 SF 01	21 AVIEW	30 PSE
04 GTO 00	13 GTO 02	22 GTO 00	31 LBL 00
05 1	14 LBL^{T}N-WERT	23 LBL 03	32 0
06 RCL 00	15 STO 02	24 ^{T}N=	33 STO 20
07 X=Y?	16 FC? 01	25 LBL 02	34 GTO IND 21
08 GTO 00	17 GTO 03	26 RCL 02	
09 GTO 01	18 LBL 01	27 STO 11	

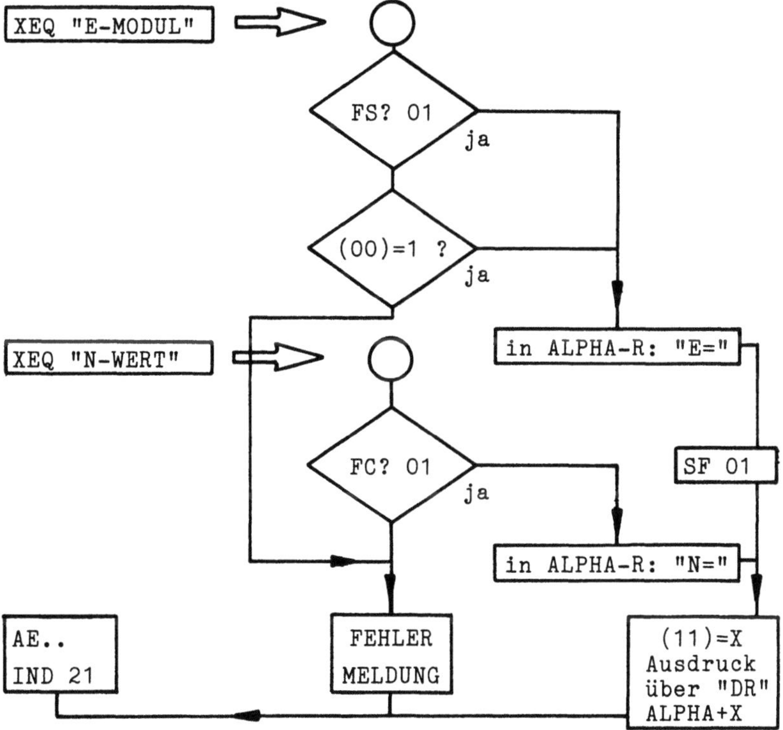

Bild 6.6   Flußdiagramm für "E-MODUL" und "N-WERT"

6.8 Speicherung auf Magnetkarte "W-CARD"

Routine am Ende von Block E.

6.8.1 Aufgabenstellung

Das Programm schreibt auf Magnet-Karte:
- Zahl der voll bearbeiteten Positionen (Flächenteile, bzw. Punkte);
- Vermerk über Arbeitsweise (E-Modul oder n-Wert);
- letzter verwendeter E-Modul bzw. n-Wert;
- Querschnittsgröße bezogen auf die Kordinatenachsen.

6.8.2 E-Module oder n-Werte

Werden im Laufe der Berechnung durch die Flag 01 kontrolliert. Für die Aufzeichnung auf Magnetkarte wird die Arbeitsweise durch das Vorzeichen des Zählers (00) symbolisiert:
- positiv = n-Wert;
- negativ = E-Modul.

6.8.3 Welche Register werden aufgezeichnet ?

Der Magnetkartenleser HP 82104 A kann hintereinanderfolgende Register auf Magnetkarte übertragen. Die zu speichernden Werte (Querschnittsgröße samt E bzw. n) stehen in den Registern 05 bis 11. Vor der Übertragung auf Magnetkarte dupliziert man den Inhalt des Zählers (00) im Register 12: man speichert nacher die Register 05 bis 12

6.8.4 Sicherheitsmaßnahme

Für die Abspeicherung der Daten braucht man nur eine Spur. Es ist aber die Gefahr gegeben, daß beim Einlesen der Magnetkarte die falsche Spur verwendet wird.
Um das zu verhindern, speichert man grundsätzlich 17 Register: das verlangt beide Spuren einer Magnetkarte.
Wird beim Einlesen die falsche Spur eingeführt, so verlangt der Rechner automatisch die andere richtige Spur.

Tabelle 6. 11

Schnittstelle von "W-Card"

Speicher	Wert
05	$\Sigma\ A\ \times\ E$
06	$\Sigma\ S_y\ \times\ E$
07	$\Sigma\ S_x\ \times\ E$
08	$\Sigma\ J_x\ \times\ E$
09	$\Sigma\ J_y\ \times\ E$
10	$\Sigma\ J_{xy}\ \times\ E$
11	E bzw. n
12	Zähler

Bemerkung:

Es wird der Inhalt der Register 05 bis 21 übertragen: nur die hier genannten Register sind wichtig.

Der Zähler hat ein Vorzeichen:

+ = N-Wert,

− = E-Modul.

Tabelle 6.12   Anweisungsliste für "W-CARD"

01 LBL^{T}W-CARD	08 FS? 01	15 0
02 FS? 00	09 CHS	16 FS? 00
03 DSE 00	10 STO 12	17 1
04 RCL 00	11 0	18 ST+ 00
05 RCL 00	12 STO 20	19 GTO IND 21
06 X<=0?	13 5.021	
07 RTN	14 WDTAX	

6.8.5   Programmbeschreibung für "W-CARD"

A.02: Ist die Flag 00 gesetzt, so ist die gespeicherte Position nicht bearbeitet worden: bearbeitete Positionen = Zählerwert − 1.

A.04-05: Die gleichen Anweisungen garantieren, daß der Zähler immer in X gespeichert wird (evtl. Sprung bei Null von DSE).

A.06: Wird X = 0, so wurde kein Querschnitt berechnet.

A.09: Bei vorhandener Flag 01 wird der Zähler negativ (E-Modul).

A.12: Der Zähler wird in den Speicher 12 geladen. Eine evtl. hier gespeicherte Fläche (siehe 4.2.3) wird damit gelöscht. Im Speicher 20 wird die Kennzahl "0" geladen.

A.13-14 (5.021 und DTAX): Es werden die Speicher 5 bis 21 übertragen.

A.18: Bei gesetzter Flag 00 wurde DSE 00 ausgeführt (A.03); in diesem Fall wird das Register 00 um 1 wieder erhöht.

7 Das Grundprogramm – Ein Programm aus 12 Modulen

(mit Tasten-Zuordnungen)

<u>7.1 Allgemeines</u>

In den Kapiteln 5 und 6 wurden die 12 Module des Grundprogrammes einzeln behandelt und beschrieben.

Es wird angenommen, daß der Leser diese 12 Module einzeln
getippt, geprüft und "auf Magnetkarte abgespeichert" hat.
(Siehe dazu T a b e l l e 7.1).

<u>7.2 Das Grundprogramm</u>

Diese Module werden jetzt zu einem einzigen Grundprogramm
verbunden.

- Das Gerät wird ausgeschaltet und bei gedrückter Korrektur-
  Taste (CLX/A) wieder eingeschaltet. In der Anzeige erscheint die Meldung "Memory Lost".

- Die verwendeten Speicher werden auf 35 begrenzt:
                 EXQ ALPHA SIZE ALPHA 035.

- Die 12 auf Magnetkarte gespeicherten Module werden jetzt
  nacheinander geladen und zwar:
                 1. Modul laden. SHIFT GTO ..
                 2. Modul laden. SHIFT GTO ..
                 usw. bis Modul 12.

- Mit "SHIFT GTO ALPHA DR ALPHA" wird ein Sprung zum Anfang
  des ersten Programmes bewirkt.

- Der Programm-Modus wird eingeschaltet: PRGM drücken.

- Die END-Anweisungen zwischen den einzelnen Modulen werden
  gelöscht:

                 GTO .014 In der Anzeige erscheint END.
                           Mit Korrektur-Taste END löschen.

Das Gleiche mit GTO .023, .139, .194, .241, .264, .281,
.320, .338, .394, .428 wiederholen.

Nachher Programm-Modus ausschalten und GTO.. (Packing) tippen. Am Schluß mit GTO ALPHA DR ALPHA zum Programm-Anfang springen.

7.3 Zuordnung von Funktionen

Einigen Tasten der zweiten Reihe werden im "USER"-Modus bestimmte Funktionen zugeordnet und zwar:

G	=	BETA	
F	=	FEHLER	
f	=	N-WERT	
g	=	E-MODUL	
i	=	SP-QW	Ausgabe der Querschnittswerte, bezogen auf x_o und y_o.
j	=	HA-QW	Ausgabe der Querschnittswerte, bezogen auf die Hauptachsen.
h	=	W-CARD	Speicherung auf Magnetkarte.

<u>Bemerkung</u>: kleiner Buchstabe = Shift + Buchstabe

Man tippt folgendes :

```
SHIFT ASN ALPHA BETA     ALPHA "G"-Taste
SHIFT ASN ALPHA FEHLER   ALPHA "F"-Taste
SHIFT ASN ALPHA N-WERT   ALPHA SHIFT "F"-Taste
SHIFT ASN ALPHA E-MODUL  ALPHA SHIFT "G"-Taste
SHIFT ASN ALPHA SP-QW    ALPHA SHIFT "I"-Taste
SHIFT ASN ALPHA HA-QW    ALPHA SHIFT "J"-Taste
SHIFT ASN ALPHA W-CARD   ALPHA SHIFT "H"-Taste
```

7.4 Abspeicherung

Man schaltet in PRGM-Modus und speichert das "Grundprogramm" (961 Bytes) auf 5 Magnetkarten (9 Spuren).

Tabelle 7.1 Die 12 Module des Grundprogrammes

Modul Nr.	enthaltene LBL-Namen	Anweisungen in Tabelle	Spuren-Zahl
1	DR,IR	5.2	1
2	GR	5.4	1
3	SP-QW,SPA	5.6	
	SPD	5.7	2
4	HAW	5.9	1
5	SAR	5.11	1
6	HA-QW,HTM	5.13	1
7	XYKSI	5.15	1
8	SB-0	6.2	2
9	SB-1,BETA	6.4	1
10	SB-2,	6.6	
	SB-3,FEHLER	6.7	
	SB-4,SB-5	6.9	2
11	E-MODUL		
	N-WERT	6.10	1
12	W-CARD	6.12	1

8 Programme für Teilflächen verschiedener Form

8.1 Allgemeines

Die Programme dieses Kapitels rechnen Querschnittsgrößen der Teilfäche, bezogen auf die Koordinaten-Achsen x und y, und addieren diese Werte in die Summenspeicher (Querschnittsgrößen des ganzen Querschnittes).

Alle Programme haben, bis zum Inputblock, eine identische Anfangsform (siehe B i l d 8.1).
Variabeln sind nur: der Label-Name, die entsprechende additive Rücksprungsadresse (laut T a b e l l e 6.1) und der Text der Meldung in der Anzeige.

Der Inhalt des Pos.-Nr.-Zählers (00) kann beim Durchlauf des additiven Eingangs (AE..) entweder die Pos.-Nr. einer schon bearbeiteten Teilfläche (er muß erhöht werden) oder die Pos.-Nr. der nächsten noch zu bearbeitenden Teilfäche (der Wert muß unverändert bleiben) sein. Der zutreffende Fall wird durch den Zustand der Flag 00 bestimmt (siehe Benutzung und Bedeutung der Flag 00 in 4.3.1).

Nach der Eingabe der Flächenparameter und der Lage werden Fläche und Hauptträgheitsmomente oder Trägheitsmomente und Zentrifugalmoment, bezogen auf Schwerpunkt-Achsen, oder Querschnittsgrößen, bezogen auf die Koordinaten-Achsen, berechnet. Je nach Berechnungsgang erfolgt am Schluß ein Sprung nach SB-1, SB-2 oder SB-3 (siehe B i l d 8.1).

Bemerkung:

Vor der Benutzung der Programme dieses Kapitels, zuerst das Grundprogramm laden und nachher GTO.. tippen.
Die Programme werden auf Magnetkarte gespeichert bei gesetzter Flag 11 (die Programme starten automatisch).
Speicherregister-Zuweisung : SIZE 035.

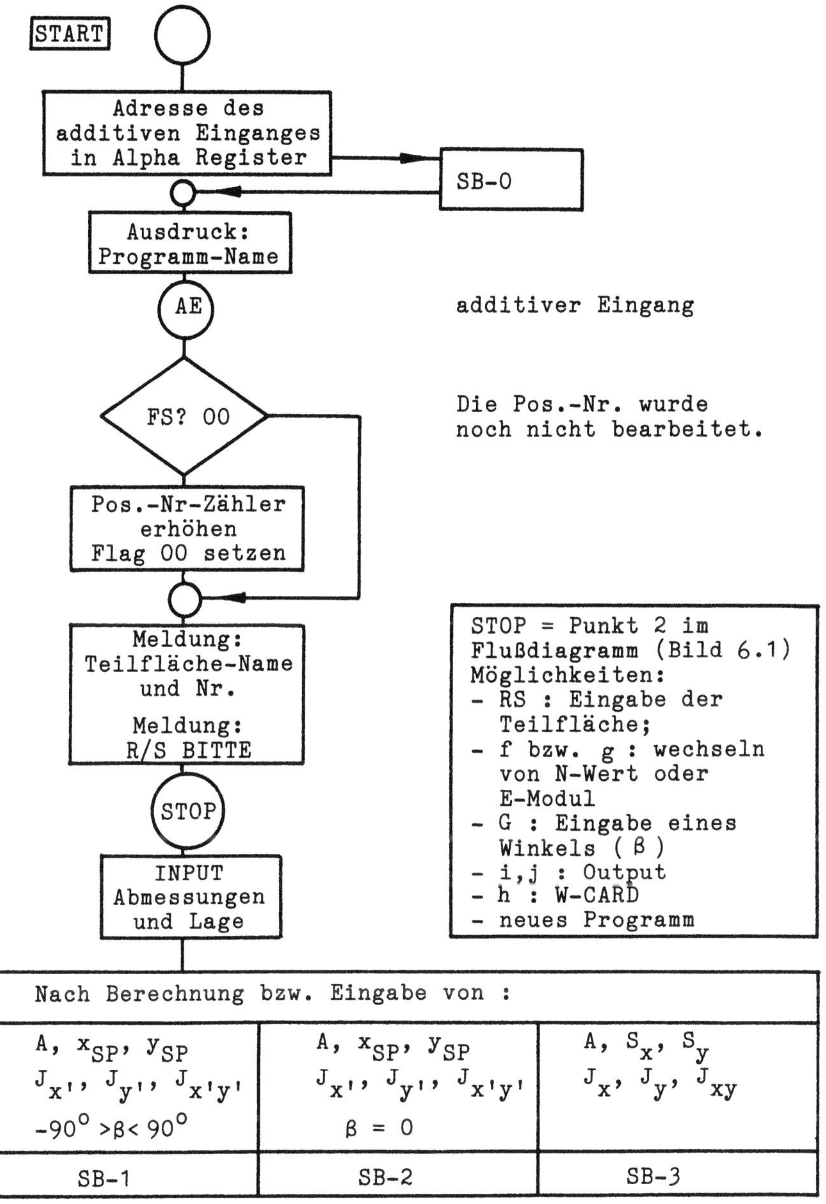

A, x_{SP}, y_{SP}	A, x_{SP}, y_{SP}	A, S_x, S_y
$J_{x'}$, $J_{y'}$, $J_{x'y'}$	$J_{x'}$, $J_{y'}$, $J_{x'y'}$	J_x, J_y, J_{xy}
$-90° > \beta < 90°$	$\beta = 0$	
SB-1	SB-2	SB-3

<u>Bild 8.1</u> Arbeitsweise der Teilflächenprogramme

8.2 Punkt-Flächen   "PUNKT"

8.2.1 Aufgabenstellung

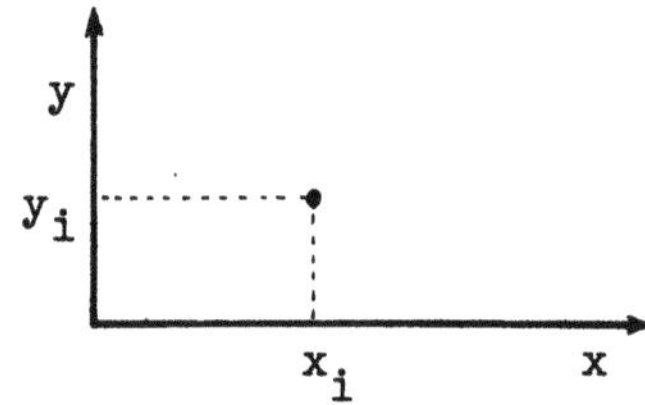

Bild 8.2 Punktfläche

Das Programm rechnet Querschnittsgrößen von Punktflächen (die Flächenmomente 2. Ordnung J_{xo}, J_{yo}, J_{xoyo} werden = 0 angenommen) in beliebiger Lage.

8.2.2 Programmbeschreibung

Am Anfang laut 8.1.
- A.08 ist zusätzlich zu A.07 erforderlich: beim Inkrement des Zählers durch ISG wird A.07 übersprungen.
- Für den Input wird die Routine IR benutzt.
- Die drei Input-Werte A_i, x_i, y_i werden in die vorgesehenen Register (siehe T a b e l l e 6.5) gespeichert; die für J_{xo}, J_{yo}, J_{xoyo} vorgesehenen Speicher werden gelöscht.
- Nachher Sprung nach SB-2.

Tabelle 8.1   Anweisungsliste für "PUNKT"

01 LBL^TPUNKT	11 ASTO 22	21 XEQ^TIR	31 XEQ^TIR
02^TAE-1	12 ARCL 00	22 PSE	32 STO 14
03 XEQ^TSB-0	13 AVIEW	23 FIX 4	33 0
04 LBL^TAE-1	14 PSE	24TA=	34 STO 15
05 FC? 00	15^TR/S BITTE	25 XEQ^TIR	35 STO 16
06 ISG 00	16 PROMPT	26 STO 12	36 STO 17
07 SF 00	17 CLA	27^TX=	37 GTO^TSB-2
08 SF 00	18 ARCL 22	28 XEQ^TIR	
09 FIX 0	19 RCL 00	29 STO 13	
10^TPUNKT	20 SF 02	30^TY=	

8.3 Rechteckige Flächen "RECHT"

8.3.1 Aufgabenstellung

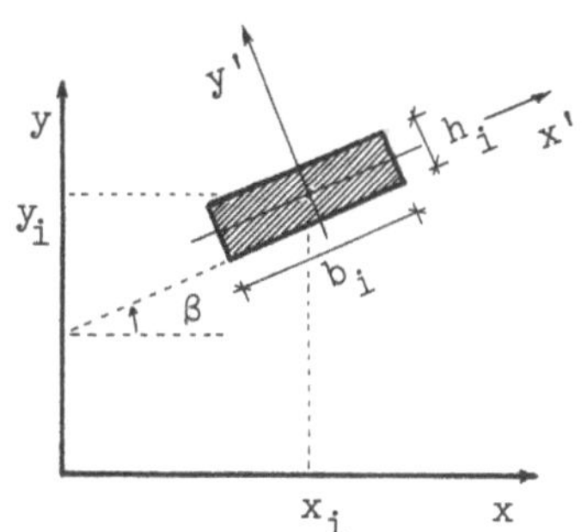

Bild 8.3 Rechteckfläche

Das Programm rechnet die Querschnittsgrößen von rechteckigen Teilfächen in beliebiger Lage.

Der Winkel, falls $\neq$ 0, wird vorher mit der Funktion "BETA" eingegeben:

"XEQ ALPHA BETA ALPHA"

bzw. (G-Taste in User-Modus).

8.3.2 Benutzte Gleichungen

$$A \quad = \quad b{\times}h \tag{8.1}$$

$$J_{x'} \quad = \quad b{\times}h^3/12 \tag{8.2}$$

$$J_{y'} \quad = \quad h{\times}b^3/12 \tag{8.3}$$

$$J_{x'y'} = \quad 0 \tag{8.4}$$

8.3.3 Programmbeschreibung

Siehe T a b e l l e   8.2 .

Anfang bis A.20 laut 8.1.

Die Abmessungen b und h werden in die Arbeitsspeicher 01 und 02 geladen. Die Koordinaten werden in die vorgesehenen Register der Schnittstelle (T a b e l l e 6.3) geschrieben (A.38 und 41).

Es folgt die Berechnung von A, von $J_{x'}$, von $J_{y'}$ und von $J_{x'y'}$= 0 : STO 12,15,16,17 (An.45,49,54 und 59).

Das Programm springt für die Berechnung der Querschnittsgrößen, bezogen auf die Koordinaten-Achsen, zu SB-1.

<u>Tabelle 8.2</u> Anweisungsliste für "RECHT"

01 LBL^{T}RECHT	21 PROMPT	41 STO 14
02^{T}AE-2	22 CLA	42 RCL 01
03 XEQ^{T}SB-0	23 ARCL 22	43 RCL 02
04 LBL^{T}AE-2	24 ARCL 23	44 *
05 FC? 00	25 RCL 00	45 STO 12
06 ISG 00	26 SF 02	46 RCL 02
07 SF 00	27 XEQ^{T}IR	47 X↑2
08 SF 00	28 PSE	48 *
09 FIX 0	29 FIX 4	49 STO 15
10^{T}RECHTECK	30^{T}B=	50 RCL 01
11 ASTO 22	31 XEQ^{T}IR	51 X↑2
12 ASHF	32 STO 01	52 RCL 12
13 ASTO 23	33^{T}H=	53 *
14 CLA	34 XEQ^{T}IR	54 STO 16
15 ARCL 22	35 STO 02	55 12
16 ARCL 23	36^{T}X=	56 ST/ 15
17 ARCL 00	37 XEQ^{T}IR	57 ST/ 16
18 AVIEW	38 STO 13	58 0
19 PSE	39^{T}Y=	59 STO 17
20^{T}R/S BITTE	40 XEQ^{T}IR	60 GTO^{T}SB-1

8.4 Kreisförmige Flächen "KREIS"

8.4.1 Aufgabenstellung

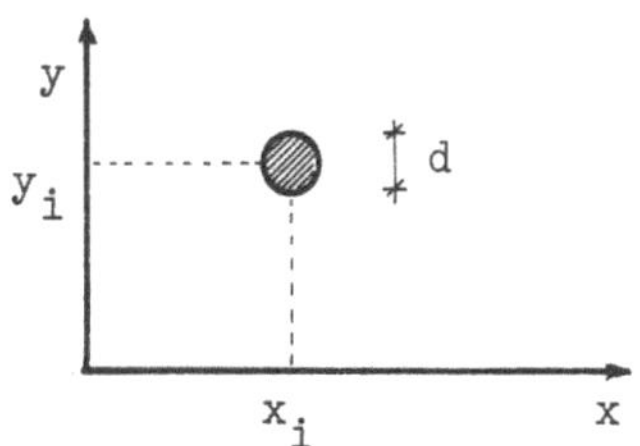

Das Programm rechnet Querschnittsgrößen, bezogen auf die Koordinaten-Achsen, von kreisförmigen Flächen in beliebiger Lage.

Bild 8.4 Kreisfläche

8.4.2 Benutzte Gleichungen

$$A = \pi \times d^2/4 \tag{8.5}$$

$$J_{xo} = J_{yo} = \pi \times d^4/64 \tag{8.6}$$

8.4.3 Programmbeschreibung

Anfang wie 8.1. Input und berechnete Werte werden in die Schnittstelle (T a b e l l e 6.5) geladen. Sprung nach SB-2.

Tabelle 8.3 Anweisungsliste für "KREIS"

01 LBL^{T}KREIS	13 AVIEW	25 XEQ^{T}IR	37 X↑2
02 ^{T}AE-3	14 PSE	26 STO 01	38 *
03 XEQ^{T}SB-0	15 ^{T}R/S BITTE	27 ^{T}X=	39 STO 12
04 LBL^{T}AE-3	16 PROMPT	28 XEQ^{T}IR	40 LAST X
05 FC? 00	17 CLA	29 STO 13	41 *
06 ISG 00	18 ARCL 22	30 ^{T}Y=	42 16
07 SF 00	19 RCL 00	31 XEQ^{T}IR	43 /
08 SF 00	20 SF 02	32 STO 14	44 STO 15
09 FIX 0	21 XEQ^{T}IR	33 PI	45 STO 16
10 ^{T}KREIS	22 PSE	34 4	46 0
11 ASTO 22	23 FIX 4	35 /	47 STO 17
12 ARCL 00	24 ^{T}D=	36 RCL 01	48 GTO^{T}SB-2

8.5 Regelmäßige vieleckige Fläche "VIELECK"

8.5.1 Aufgabenstellung

Das Programm rechnet Querschnittsgrößen, bezogen auf die Koordinaten-Achsen, von regelmäßigen vieleckigen Flächen in beliebiger Lage. Beliebige Seitenzahl. Siehe [7] .

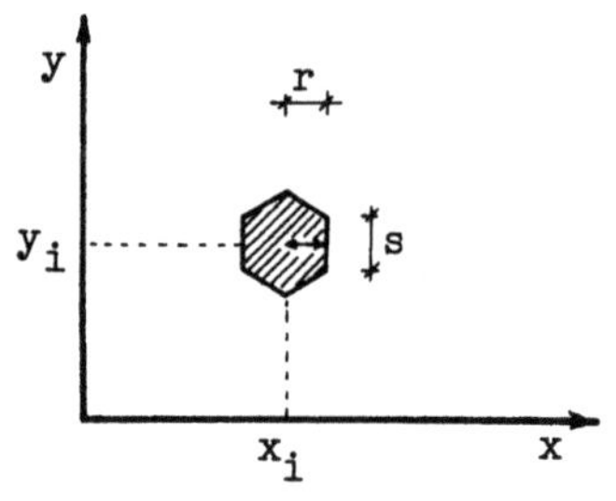

Bild 8.5 Vieleck

Benutzte Gleichungen:

$$s = 2 \times r \times \tan(180/n) \qquad (8.7)$$
$$A = s \times r \times n/2 \qquad (8.8)$$
$$J = (12 \times r^2 + s^2) \times A/48 \qquad (8.9)$$
$$n = \text{Seitenzahl}$$
$$J_{xo} = J_{yo} = J$$

Tabelle 8.4 Anweisungsliste für "VIELECK"
(Programmbeschreibung wie 8.4.3)

01 LBL^{T}VIELECK	19 RCL 00	37 RCL 01	55 RCL 02
02 ^{T}AE-4	20 SF 02	38 /	56 X↑2
03 XEQ^{T}SB-0	21 XEQ^{T}IR	39 TAN	57 12
04 LBL^{T}AE-4	22 PSE	40 RCL 02	58 *
05 FC? 00	23 ^{T}N=	41 *	59 RCL 03
06 ISG 00	24 XEQ^{T}IR	42 2	60 X↑2
07 SF 00	25 STO 01	43 *	61 +
08 SF 00	26 FIX 4	44 STO 03	62 RCL 12
09 FIX 0	27 ^{T}R=	45 ^{T}S=	63 *
10 ^{T}VIELECK	28 EXQ^{T}IR	46 SF 02	64 48
11 ASTO 22	29 STO 02	47 EXQ^{T}IR	65 /
12 ARCL 00	30 ^{T}X=	48 RCL 02	66 STO 15
13 AVIEW	31 EXQ^{T}IR	49 *	67 STO 16
14 PSE	32 STO 13	50 RCL 01	68 0
15 ^{T}R/S BITTE	33 ^{T}Y=	51 *	69 STO 17
16 PROMPT	34 XEQ^{T}IR	52 2	70 GTO^{T}SB-2
17 CLA	35 STO 14	53 /	
18 ARCL 22	36 180	54 STO 12	

8.6 Plattenbalken "PLATBAL"

8.6.1 Aufgabenstellung

Das Programm rechnet Querschnittsgrößen, bezogen auf die Koordinaten-Achsen, von Plattenbalken, auch asymmetrisch (Lage wie im B i l d 8.6).

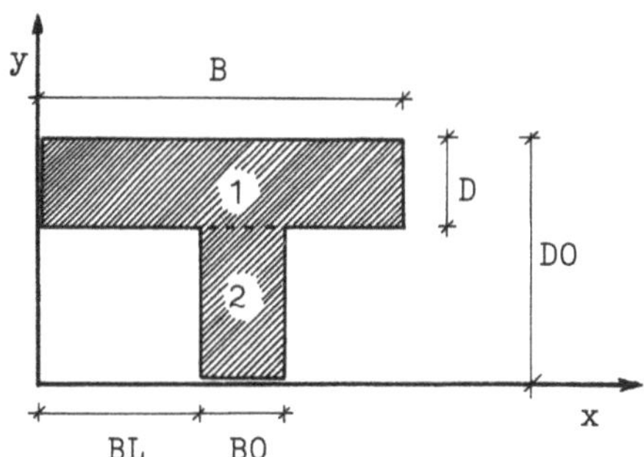

__Bild 8.6__ Plattenbalken

8.6.2 Benutzte Gleichungen

$$A_1 = B \times D \tag{8.10}$$

$$A_2 = BO \times (DO-D) \tag{8.11}$$

$$A = A_1 + A_2 \tag{8.12}$$

$$S_x = A_1 \times (DO-D/2) + A_2 \times (DO-D)/2 \tag{8.13}$$

$$S_y = A_1 \times B/2 + A_2 \times (BL+BO/2) \tag{8.14}$$

$$J_x = \{B \times DO^3 - (B-BO) \times (DO-D)^3\}/3 \tag{8.15}$$

$$J_y = D \times B^3/3 + (DO-D) \times \{(BL+BO)^3 - BL^3\}/3 \tag{8.16}$$

$$J_{xy} = A1 \times (DO-D/2) \times B/2 + A_2 \times (BL+BO/2) \times (DO-D)/2 \tag{8.17}$$

Tabelle 8.5   Anweisungsliste für "PLATBAL"

01 LBL [T]PLATBAL	33 [T]BL=	65 RCL 04	97 RCL 01
02 [T]AE-5	34 XEQ[T]IR	66 -	98 RCL 03
03 XEQ[T]SB-0	35 STO 02	67 *	99 -
04 LBL[T]AE-5	36 [T]BO=	68 ST+ 12	100 *
05 FC? 00	37 XEQ[T]IR	69 STO 16	101 ST- 15
06 ISG 00	38 STO 03	70 LASTX	102 RCL 01
07 SF 00	39 [T]DO=	71 *	103 3
08 SF 00	40 XEQ[T]IR	72 2	104 Y↑X
09 FIX 0	41 STO 24	73 /	105 RCL 04
10 [T]P-BALKEN	42 [T]D=	74 ST+ 14	106 *
11 ASTO 22	43 XEQ[T]IR	75 RCL 03	107 STO 16
12 ASHF	44 STO 04	76 2	108 RCL 02
13 ASTO 23	45 RCL 01	77 /	109 RCL 03
14 CLA	46 RCL 04	78 RCL 02	110 +
15 ARCL 22	47 *	79 +	111 3
16 ARCL 23	48 STO 12	80 *	112 Y↑X
17 ARCL 00	49 STO 13	81 ST+ 17	113 RCL 02
18 AVIEW	50 RCL 24	82 LASTX	114 3
19 PSE	51 RCL 04	83 RCL 16	115 Y↑X
20 [T]R/S BITTE	52 2	84 *	116 -
21 PROMPT	53 /	85 ST+13	117 RCL 24
22 CLA	54 -	86 RCL 24	118 RCL 04
23 ARCL 22	55 *	87 3	119 -
24 ARCL 23	56 STO 14	88 Y↑X	120 *
25 RCL 00	57 STO 17	89 RCL 01	121 ST+ 16
26 SF 02	58 RCL 01	90 *	122 3
27 XEQ[T]IR	59 2	91 STO 15	123 ST/ 15
28 PSE	60 /	92 RCL 24	124 ST/ 16
29 FIX 4	61 ST* 13	93 RCL 04	125 GTO[T]SB-3
30 [T]B=	62 ST* 17	94 -	
31 XEQ[T]IR	63 RCL 03	95 3	
32 STO 01	64 RCL 24	96 Y↑X	

8.6.3 Programmbeschreibung für "PLATBAL"

Anfang bis A.21 (Siehe T a b e l l e 8.5) wie 8.1.

Das Programm benutzt als Arbeitsspeicher die Register 01 bis 04 und 24. Der Input-Block (bis A.44) speichert:

    B in STO 01   BL in STO 02   BO in STO 03
    DO in STO 24   D in STO 04 .

Es folgt die Berechnung der Querschnittsgrößen nach Gln. (8.10) bis (8.17) und die Speicherung der berechneten Werte in die Register der Schnittstelle von SB-4 (SB-4 folgt der Fehler-Routine SB-3), laut T a b e l l e 6.8 , und zwar:

    A in STO 12 S_y in STO 13 S_x in STO 14
    J_x in STO 15 J_y in STO 16 J_{xy} in STO 17.

Das Programm springt am Schluß nach SB-3 (es rechnet Querschnittsgrößen, bezogen auf die "Koordinaten"-Achsen).

8.7 Profile mit bekannten Querschnittswerten   "PROFIL"

8.7.1 Aufgabenstellung

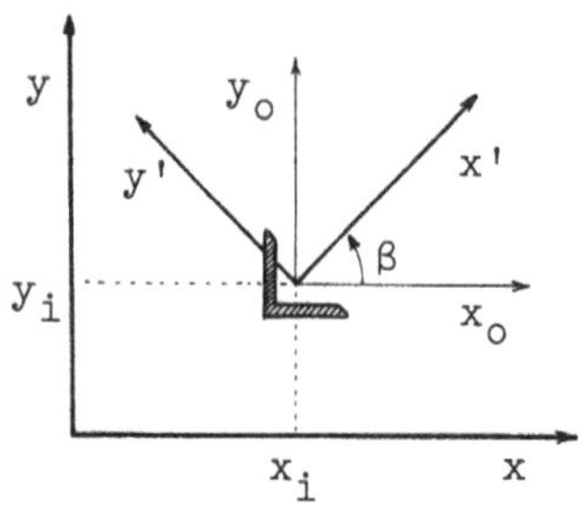

Das Programm rechnet Querschnittsgrößen, bezogen auf die Koordinaten-Achsen, aus den gelieferten Querschnittswerten und der Lage.
Es ist möglich, auch das Zentrifugalmoment einzugeben.

<u>Bild 8.7</u> Profil

Die Bezugsachsen, mit Zentrum im Schwerpunkt, können beliebig orientiert sein. Es müssen auch nicht unbedingt Hauptachsen sein. β-Eingabe, falls $\neq$ 0, wie für 8.3.1.

8.7.2 Programmbeschreibung

Anfang wie 8.1. Die gelieferten Werte werden in die Schnittstelle von SB-1 geladen (T a b e l l e 6.3).

<u>Tabelle 8.6</u> Anweisungsliste für "PROFIL"

01 LBL^{T}PROFIL	13 ASTO 23	25 RCL 00	37 STO 14
02 ^{T}AE-6	14 CLA	26 SF 02	38 ENG 4
03 XEQ^{T}SB-0	15 ARCL 22	27 XEQ^{T}IR	39 ^{T}JX=
04 LBL^{T}AE-6	16 ARCL 23	28 FIX 4	40 XEQ^{T}IR
05 FC? 00	17 ARCL 00	29 ^{T}A=	41 STO 15
06 ISG 00	18 AVIEW	30 XEQ^{T}IR	42 ^{T}JY=
07 SF 00	19 PSE	31 STO 12	43 XEQ^{T}IR
08 SF 00	20 ^{T}R/S BITTE	32 ^{T}X=	44 STO 16
09 FIX 0	21 PROMPT	33 XEQ^{T}IR	45 ^{T}Jxy=
10 ^{T}PROFIL	22 CLA	34 STO 13	46 XEQ^{T}IR
11 ASTO 22	23 ARCL 22	35 ^{T}Y=	47 STO 17
12 ASHF	24 ARCL 23	36 XEQ^{T}IR	48 GTO^{T}SB-1

8.8 Polygonfläche "POLYGON"

8.8.1 Aufgabenstellung

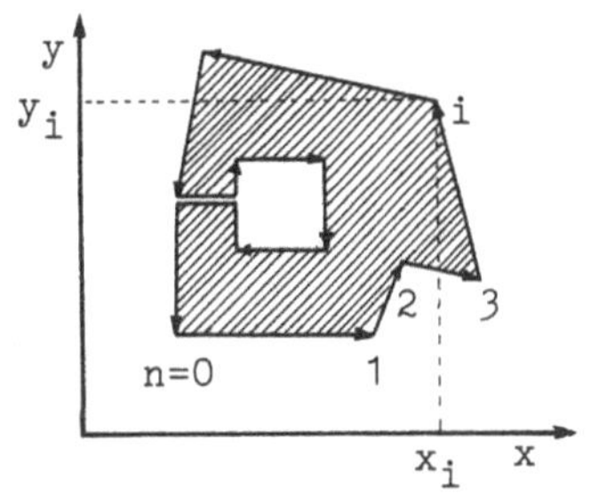

Bild 8.8 Polygonfläche

Das Programm rechnet Querschnittswerte, bezogen auf die Koordinaten-Achsen, einer Polygon-Fläche, n-Eck. Die Eckpunkte werden fortlaufend numeriert, so daß beim Umfahren des Randes das Flächeninnere stets zur Linken liegt.

8.8.2 Benutzte Gleichungen

siehe [8], Seite 337 ff.

$$A \;\; = \frac{1}{2} \times \Sigma(x_i \times y_{i+1} - x_{i+1} \times y_i) \tag{8.18}$$

$$S_x \;\; = \frac{1}{6} \times \Sigma(x_i \times y_{i+1} - x_{i+1} \times y_i) \times (y_i + y_{i+1}) \tag{8.19}$$

$$S_y \;\; = \frac{1}{6} \times \Sigma(x_i \times y_{i+1} - x_{i+1} \times y_i) \times (x_i + x_{i+1}) \tag{8.20}$$

$$J_x \;\; = \frac{1}{12} \times \Sigma(x_i \times y_{i+1} - x_{i+1} \times y_i) \times \{(y_i + y_{i+1})^2 - y_i \times y_{i+1}\} \tag{8.21}$$

$$J_y \;\; = \frac{1}{12} \times \Sigma(x_i \times y_{i+1} - x_{i+1} \times y_i) \times \{(x_i + x_{i+1})^2 - x_i \times x_{i+1}\} \tag{8.22}$$

$$J_{xy} = \frac{1}{24} \times \Sigma(x_i \times y_{i+1} - x_{i+1} \times y_i) \times$$
$$\times \{2 \times (x_i + x_{i+1}) \times (y_i + y_{i+1}) - x_i \times y_{i+1} - x_{i+1} \times y_i\} \tag{8.23}$$

Setzt man

$$a = x_i + x_{i+1} \qquad b = y_i + y_{i+1}$$
$$c = x_i \times y_{i+1} \qquad d = y_i \times x_{i+1}$$
$$e = x_{i+1} \qquad f = y_{i+1}$$

so betragen die einzelnen Inkremente :

$$A \;=\; \tfrac{1}{2} \times (c-d) \tag{8.24}$$

$$S_x \;=\; \tfrac{1}{6} \times (c-d) \times b \tag{8.25}$$

$$S_y \;=\; \tfrac{1}{6} \times (c-d) \times a \tag{8.26}$$

$$J_x \;=\; \tfrac{1}{12} \times (c-d) \times \{\, b^2 - (b-f) \times f \,\} \tag{8.27}$$

$$J_y \;=\; \tfrac{1}{12} \times (c-d) \times \{\, a^2 - (a-e) \times e \,\} \tag{8.28}$$

$$J_{xy} \;=\; \tfrac{1}{24} \times (c-d) \times (\, 2 \times a \times b - c - d \,) \tag{8.29}$$

<u>Bemerkung</u>

Die genannten Variabeln werden für die Berechnung wie folgt gespeichert :

a in Speicher 01	b in Speicher 02
c in Speicher 03	d in Speicher 04
e in Speicher 18	f in Speicher 19

<u>Tabelle 8.7</u> Anweisungsliste für "POLYGON" - Teil I
Anfangs-Routine, Koordinaten-Eingabe, Initialisierung

01 LBL^{T}POLYGON	12 ^{T}POL.PUNKT	23 STO 19	34 STO 03
02 ^{T}AE-7	13 RCL 00	24 FS? 05	35 STO 04
03 XEQ^{T}SB-0	14 SF 02	25 CF 06	36 STO 12
04 ^{T}POL	15 XEQ^{T}IR	26 FS? 05	37 STO 13
05 ASTO 26	16 PSE	27 GTO^{T}SB-3	38 STO 14
06 LBL^{T}AE-7	17 FIX 4	28 STO 25	39 STO 15
07 FC? 00	18 ^{T}X=	29 RCL 18	40 STO 16
08 ISG 00	19 EXQ^{T}IR	30 STO 24	41 STO 17
09 SF 00	20 STO 18	31 0	42 SF 05
10 SF 00	21 ^{T}Y=	32 STO 01	43 SF 06
11 FIX 0	22 EXQ^{T}IR	33 STO 02	44 GTO^{T}SB-3

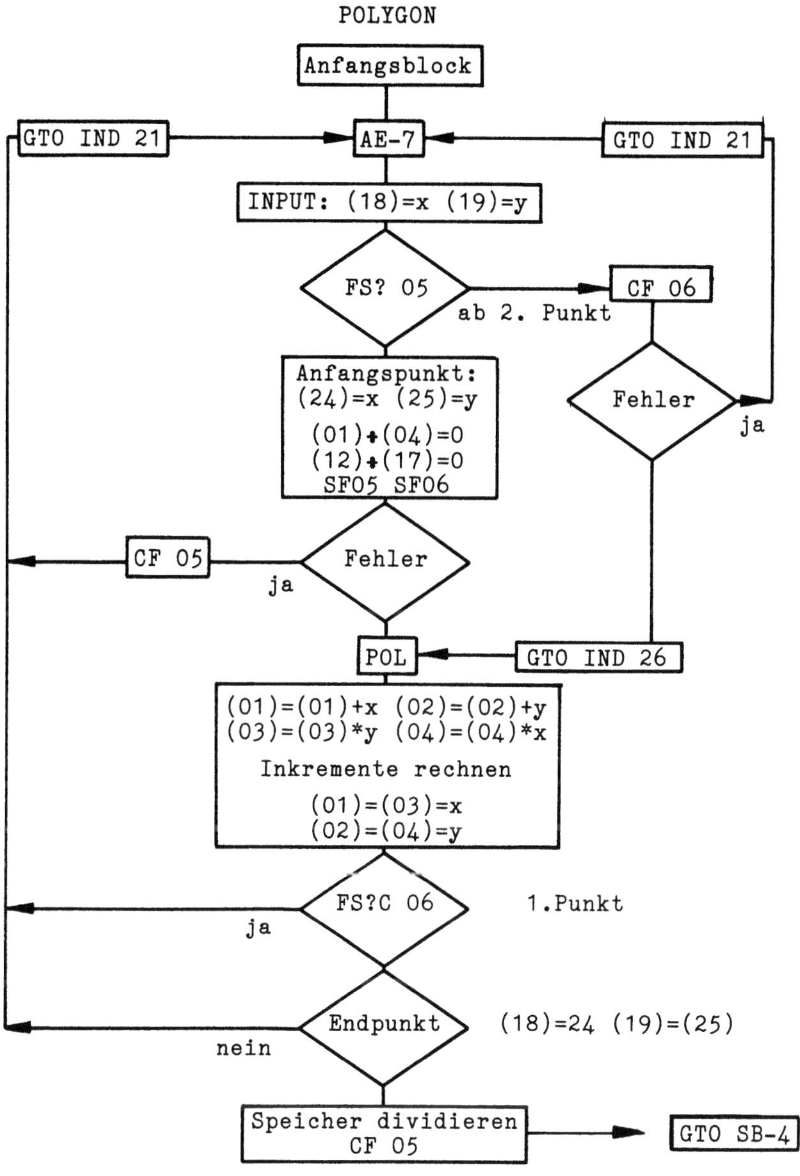

Bild 8.9 Flußdiagramm von "POLYGON"

8.8.3 Programmbeschreibung für "POLYGON"

Siehe dazu Flußdiagramm, B i l d 8.9 .

Teil I

Anfang bis Anweisung 17 im allgemeinen wie 8.1. Es sind aber zwei zusätzliche Anweisungen, A.04 und 05, vorhanden: es wird die 2. IND-ADRESSE (POL) festgelegt.

Nach dem Input (x_{i+1} in STO 18, y_{i+1} in STO 19) folgt die erste Befragung "FS? 05"(A.24 u.26).

- Bei gesetzter Flag 05 (x-y-Eingabe ab Punkt 2) wird Flag 06 gelöscht (beim Fehler wird jetzt Flag 05 nicht mehr gelöscht: siehe B i l d 6.4), Sprung nach SB-3, Fehler-Befragung (A.27).

- Bei gelöschter Flag 05 (1. Koordinaten-Eingabe) läuft das Programm weiter in die Initialisierungs-Routine: die Koordinaten des ersten Punktes werden in die Register 24 (x_1) und 25 (y_1) gespeichert. Die Register 01 bis 04 und 12 bis 17 werden gelöscht. Die Flags 05 und 06 werden gesetzt. Das Programm springt zu SB-3 (A.44).

Nach beiden Fehler-Befragungen (An.27 und 44) springt das Programm (falls keine Fehler gemeldet) nach IND 26, nach "POL"(A.45): die eingegebenen Koordinaten sind in diesem Fall bestätigt worden.

Teil II

In den Registern 01 bis 04 werden die für die Variabeln a bis d vorgesehenen Werte (8.8.2) gebildet (A.46 bis 51).

<u>Bemerkung</u>: Diese Register sind entweder gelöscht (Initialisierung) oder enthielten am Ende des Programmes "POL" folgende Werte:

$$a = c = (01) = (03) = x_i$$

$$b = d = (02) = (04) = y_i$$

Es werden die Inkremente nach Gln. (8.24) bis (8.29) berechnet (die Werte werden aber nicht durch die vorgesehenen

Zahlen 2,6,12,und 24 geteilt) und in die Register 12 bis 17, addiert (An.52-98) und zwar:

A	in STO 12	S_y	in STO 13	S_x	in STO 14
J_x	in STO 15	J_y	in STO 16	J_{xy}	in STO 17

<u>Bemerkung</u>: Schnittstelle von SB-4 (T a b e l l e 6.8).

<u>Tabelle 8.8</u> Anweisungsliste für "POLYGON" - Teil II "POL", Bearbeitung der einzelnen Inkremente - "POLEND"

45 LBL^{T}POL	69 -	93 -	117 LBL 01
46 RCL 18	70 RCL 19	94 RCL 04	118 GTO IND 21
47 ST+ 01	71 *	95 -	119 LBL 00
48 ST* 04	72 -	96 RCL 30	120 2
49 RCL 19	73 RCL 30	97 *	121 ST/ 12
50 ST+ 02	74 *	98 ST+ 17	122 6
51 ST* 03	75 ST+ 15	99 RCL 18	123 ST/ 14
52 RCL 03	76 RCL 01	100 STO 01	124 ST/ 13
53 RCL 04	77 X↑2	101 STO 03	125 12
54 -	78 RCL 01	102 RCL 19	126 ST/ 15
55 STO 30	79 RCL 18	103 STO 02	127 ST/ 16
56 ST+ 12	80 -	104 STO 04	128 24
57 RCL 01	81 RCL 18	105 FS?C 06	129 ST/ 17
58 RCL 30	82 *	106 GTOIND 21	130 ^{T}POLEND
59 *	83 -	107 RCL 18	131 ASTO 21
60 ST+ 13	84 RCL 30	108 RCL 24	132 ASTO 26
61 RCL 02	85 *	109 X=Y?	133 CF 05
62 RCL 30	86 ST+ 16	110 GTO 00	134 GTO^{T}SB-4
63 *	87 RCL 01	111 GTO 01	135 LBL^{T}POLEND
64 ST+ 14	88 RCL 02	112 LBL 00	136 ^{T}END
65 RCL 02	89 *	113 RCL 19	137 PROMPT
66 X↑2	90 2	114 RCL 25	138 GTO^{T}POLEND
67 RCL 02	91 *	115 X=Y?	
68 RCL 19	92 RCL 03	116 GTO 00	

Die Werte x_{i+1} und y_{i+1} werden in die Register 01 bis 04 kopiert (An.99-104) und zwar:

$$(01)=(03)= x_{i+1} \qquad (02)=(04)= y_{i+1}$$

Sie werden bei der nächsten Berechnung als "i"- statt "i+1"-Werte betrachtet (siehe oben).

Nach der Bearbeitung der Koordinaten des ersten Punktes (Flag 06 gesetzt) springt das Programm (A.106) zu IND ADRESSE 21 zurück (weitere Koordinaten-Eingaben).
Sonst kontrolliert das Programm, ob die eingegebenen Koordinaten den Polygonzug geschlossen haben: d.h. ob

$$(18)=(24) \text{ und } (19)=25)$$

- Bei negativem Fall Sprung nach IND ADRESSE 21 für weitere Koordinaten-Eingaben (A. 118).

- Sonst, vor der Abschließung der Berechnung, Division der Speicher durch die Zahlwerte 2, 6, 12 und 24, Gln. (8.24) bis (8.29), An. 120 bis 129, und Sprung, für die Berücksichtigung von E-Modulen bzw. n-Werten, zu SB-4 (Fehler-Routine wird übersprungen).

Vor dem Sprung wird Flag 05 gelöscht, und zwei End-Adressen "POLEND" werden in (21) und (26) gespeichert : Rücksprung nach "End"-Meldung (A.135).

8.9 Manuelle Eingabe von Querschnittsgrößen "WERTE"

8.9.1 Aufgabenstellung

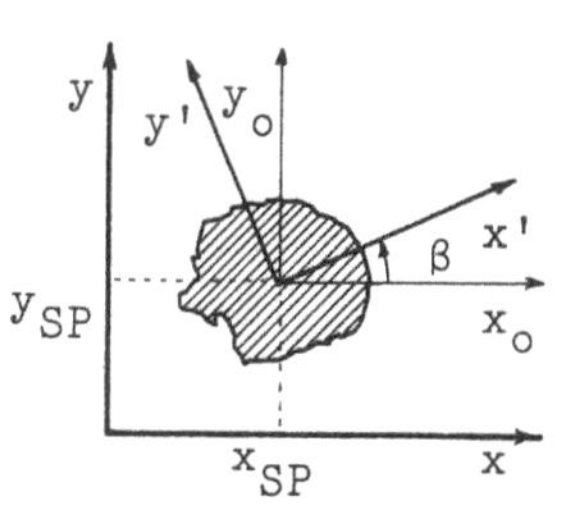

Bild 8.10 Bezugsachsen

Input
β
A
x_{SP}
y_{SP}
$J_{x'}$
$J_{y'}$
$J_{x'y'}$

Das Programm rechnet Querschnittsgrößen, bezogen auf die Koordinaten-Achsen, aus den gelieferten Querschnittswerten und der Lage. Es ist möglich, auch das Zentrifugalmoment einzugeben.

Die Bezugsachsen, mit Zentrum im Schwerpunkt, können beliebig orientiert sein. Es müssen auch nicht unbedingt Hauptachsen sein. β-Eingabe, falls $\neq$ 0, wie für 8.3.1.

8.9.2 Programmbeschreibung

Im allgemeinen wie 8.7.2.

Änderungen: LBL-Name (A.01), Name des additiven Eingangs (A.02), LBL-Name (A.04), Meldung (A.10).

Tabelle 8.9 Anweisungsliste für "WERTE"

01 LBL^{T}WERTE	13 ASTO 23	25 RCL 00	37 STO 14
02 ^{T}AE-8	14 CLA	26 SF 02	38 ENG 4
03 XEQ^{T}SB-0	15 ARCL 22	27 XEQ^{T}IR	39 ^{T}JX=
04 LBL^{T}AE-8	16 ARCL 23	28 FIX 4	40 XEQ^{T}IR
05 FC? 00	17 ARCL 00	29 ^{T}A=	41 STO 15
06 ISG 00	18 AVIEW	30 XEQ^{T}IR	42 ^{T}JY=
07 SF 00	19 PSE	31 STO 12	43 XEQ^{T}IR
08 SF 00	20 ^{T}R/S BITTE	32 ^{T}X=	44 STO 16
09 FIX 0	21 PROMPT	33 XEQ^{T}IR	45 ^{T}JXY=
10 ^{T}QUERSCHNITT	22 CLA	34 STO 13	46 XEQ^{T}IR
11 ASTO 22	23 ARCL 22	35 ^{T}Y=	47 STO 17
12 ASHF	24 ARCL 23	36 XEQ^{T}IR	48 GTO^{T}SB-1

8.10 Einlesen von Magnetkarten "R-CARD"

8.10.1 Aufgabenstellung

Die auf Magnetkarte abgespeicherten Querschnittsgröße (siehe W-CARD, 6.8) werden eingelesen und:

- bei einem Start mit <u>Nullstellung</u> (nach Initialisierung, Zähler = 1) in die Speicher 05 bis 11 abgelagert. Der Zähler übernimmt den auf Magnetkarte gespeicherten Wert. Der gültige n-Wert bzw. das E-Modul wird gemeldet und protokolliert. Flag 01 wird, falls nötig (E-Modul), gesetzt.

- Bei einem <u>additiven Start</u> erfolgt zuerst eine Kompatibilität-Überprüfung (die im Rechner gespeicherten Größen und die Größen auf Magnetkarte müssen entweder beide mit n-Werten oder beide mit E-Modulen berechnet worden sein).
  Nachher werden die auf Magnetkarte gespeicherten Größen zu den Werten in den Speicher 05 bis 10 addiert.
  Der Zähler 00 wird um eins erhöht. Der z.Z. gültige n-Wert bzw. E-Modul bleibt unverhändert.

8.10.2 Programmbeschreibung
Siehe B i l d 8.11 und T a b e l l e 8.10 .

Anfang bis Anweisung 27 wie 8.1.

- <u>Additiver</u> Start: Nach der Kompatibilität-Überprüfung (A.34 bis 42) entweder Fehler-Meldung (A.43 bis 47) oder Sprung nach SB-5 (A.52). In den Speicher 20 wird vorher O geschrieben (Teilquerschnitt, siehe 4.2.3 Kommentar zur Spalte B).
- Start mit <u>Nullstellung</u> (A.53 bis 72): Zuerst Meldungen über Pos.-Nr., gültigen n-Wert bzw. E-Modul und nachher Sprung nach IND 21.

Tabelle 8.10   Schnittstelle von "R-CARD"

Speicher	Anfangs-Wert	Nullstellung	additiver Start
00	B	ABS (12)	U
05	B	$A \times E$	$B + A \times E$
06	B	$S_y \times E$	$B + S_y \times E$
07	B	$S_x \times E$	$B + S_x \times E$
08	B	$J_x \times E$	$B + J_x \times E$
09	B	$J_y \times E$	$B + J_y \times E$
10	B	$J_{xy} \times E$	$B + J_{xy} \times E$
11	B	E bzw. n	U
12	B	$\pm$Zähler	$A \times E$
13	B	U	$S_y \times E$
14	B	U	$S_x \times E$
15	B	U	$J_x \times E$
16	B	U	$J_y \times E$
17	B	U	$J_{xy} \times E$
18	B	U	E bzw. n
19	B	U	$\pm$ Zähler
20	B	U	0
F 00	B	CF00	CF00
F 01	B	CF01 SF01	U

<u>Bemerkungen:</u>

- Nullstellung = Start mit Initialisierung.
- Die auf Magnetkarte gespeicherten Werte werden in die eingerahmten Speicher geschrieben.
- Die Speicher 05 bis 10 (additiver Start) werden nicht von R-CARD, sondern von der folgenden Routine SB-5 benutzt.

B = beliebig; U = unverändert.

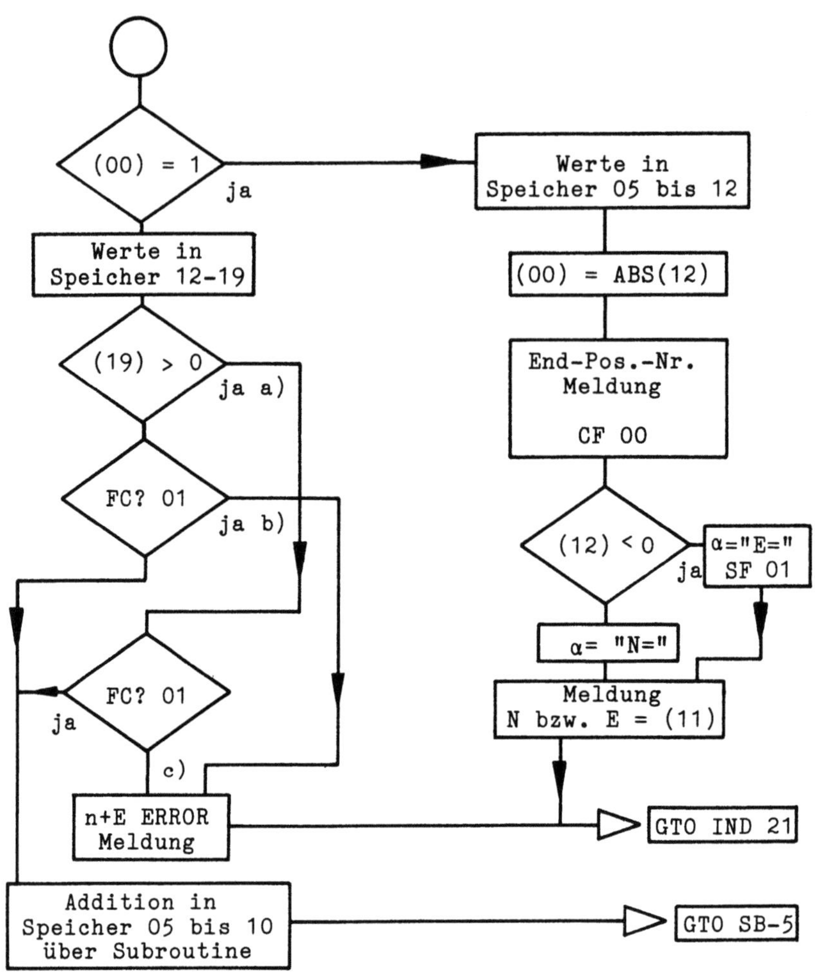

Additiver Start   Start mit Nullstellung

a) M-Karte: N-Wert
b) M-Karte: E-Modul; Speicher: n-Wert → ERROR
c) M-Karte: n-Wert ; Speicher: E-Modul → ERROR

Bild 8.11 Flußdiagramm von "R-CARD"

Tabelle 8.11 Anweisungsliste für "R-CARD"

```
01 LBL^T R-CARD    19 PSE          37 FC? 01       55 RDTAX
02^T AE-0          20^T R/S BITTE  38 GTO 02       56 ^T BIS
03 XEQ^T SB-0      21 PROMPT       39 GTO 03       57 RCL 12
04 LBL^T AE-0      22 CLA          40 LBL 01       58 X<0?
05 FC? 00          23 ARCL 22      41 FC? 01       59 SF 01
06 ISG 00          24 ARCL 23      42 GTO 03       60 ABS
07 SF 00           25 RCL 00       43 LBL 02       61 STO 00
08 SF 00           26 XEQ^T DR     44^T E+N FEHLER 62 XEQ^T DR
09 FIX 0           27 PSE          45 AVIEW        63 CF 00
10^T MAGNETKARTE   28 RCL 00       46 PSE          64 ENG 4
11 ASTO 22         29 1            47 GTO IND 21   65 FS? 01
12 ASHF            30 X=Y?         48 LBL 03       66 ^T E=
13 ASTO 23         31 GTO 00       49 0            67 FC? 01
14 CLA             32 12.019       50 STO 20       68 ^T N=
15 ARCL 22         33 RDTAX        51 CF 00        69 RCL 11
16 ARCL 23         34 RCL 19       52 GTO^T SB-5   70 XEQ^T DR
17 ARCL 00         35 X>0?         53 LBL 00       71 PSE
18 AVIEW           36 GTO 01       54 5.012        72 GTO IND 21
```

9 Die Belastung und die Berechnung der Spannungen

9.1 Schnittgrößen, bezogen auf die Hauptachsen "SIGMA"
Siehe 3.1 bis 3.1.4.

9.1.1 Aufgabenstellung

- Nach Festlegung eines Bezugsachsenkreuzes $(x' - y')$, entweder Schwerpunktachsen x_o-y_o nach B i l d 3.1 , oder beliebige Achsenkreuzlage, nach B i l d 3.2 (mit Eingabe der Lage x_{BA}, y_{BA}, β)

- sowie nach Eingabe der Schnittgröße N', $M_{x'}$, $M_{y'}$
- und der evtl. Einzellasten

- werden die Schnittgröße N_{SP}, M_ξ, M_η berechnet.

Die berechneten N_{SP}, M_ξ, M_η, dürfen durch eine Änderung des E-Moduls bzw. des n-Wertes nicht beeinflußt werden (keine Änderung der Hauptachsenlage).

Bei einer Änderung des Querschnittes werden aber diese Werte ungültig.

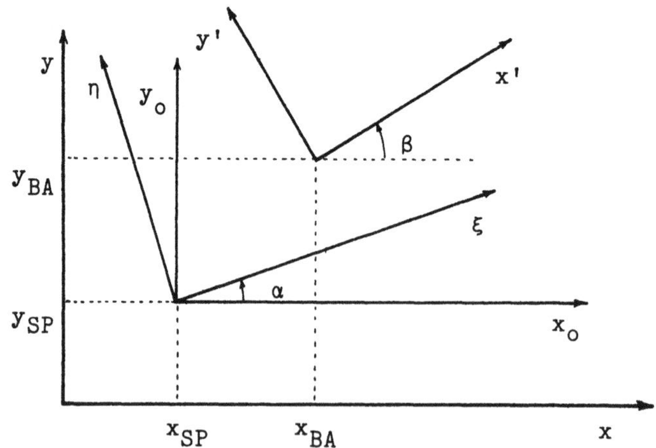

Bild 9.1 Hauptachsen (ξ,η) und Belastungsachsen (x',y')
Normalfall: $\beta=0$, $x_{BA}=x_{SP}$, $y_{BA}=y_{SP}$, $(x'=x_o$, $y'=y_o)$

9.1.2 Programmbeschreibung (Siehe T a b e l l e 9.2)

Vorbereitungsstufe (A.01 bis 20)

In den Anweisungen 01 bis 07 wird die indirekte Adresse AE-15 festgelegt und Flag 07 gesetzt (solange Flag 07 gesetzt ist, ist eine Eingabe-Korrektur über "XEQ FEHLER" bzw. "F" (in User-Modus) möglich).

Das Programm (siehe Flußdiagramm B i l d 9.2) setzt die erfolgte Berechnung der Hauptachsenlage voraus: diese Berechnung erfolgt über "HTM" bei der A.17.

Bemerkung: Die bedingten Sprünge (A.11 und 15) überspringen bei einer späteren Benutzung des Einganges IND 21 (AE-15) für Eingaben-Korrektur den Befehl XEQ HTM.

Bei gesetzter Flag 07 (A.19) folgt ab A.21 die Berechnung von N_{SP}, M_ξ, M_η. Flag 07 wird am Ende der Berechnung gelöscht (A.135): eine Änderung der Belastungseingaben (mit FEHLER) wird nachher verhindert; das Programm springt direkt zu "SIG" (Spannungsberechnung, 9.2).

Ab A.21 Berechnung der Schnittgrößen nach dem Flußdiagramm im B i l d 9.2).

Tabelle 9.1
Benutzung der Speicher

Speicher		
01	x_{BA}	x_i
02	y_{BA}	y_i
03	N'	N_i
24	M_ξ	M_ξ/J_ξ
25	M_η	M_η/J_η
26	$\Sigma A \times E$(bzw. n)	
27	$M_{x'}$	ξ
28	$M_{y'}$	η
29	β	$\gamma=\beta-\alpha$
30	N	N/A
31	E oder n	

Hauptachsenlage (A.21 bis 60)

Die Speicher 01, 02 und 29 werden zuerst mit den Werten $x_{BA}=x_{SP}$, $y_{BA}=y_{SP}$, $\beta =0$ geladen (als Belastungsachsen werden die Schwerpunktachsen x_o und y_o angenommen; normaler Belastungsfall).

Es folgt eine protokollierte Meldung "BELASTUNGSACHSEN" und die Befragung "SP-Achsen ?".

Bei Antwort "ja=1" erfolgt ein Sprung nach A.53.

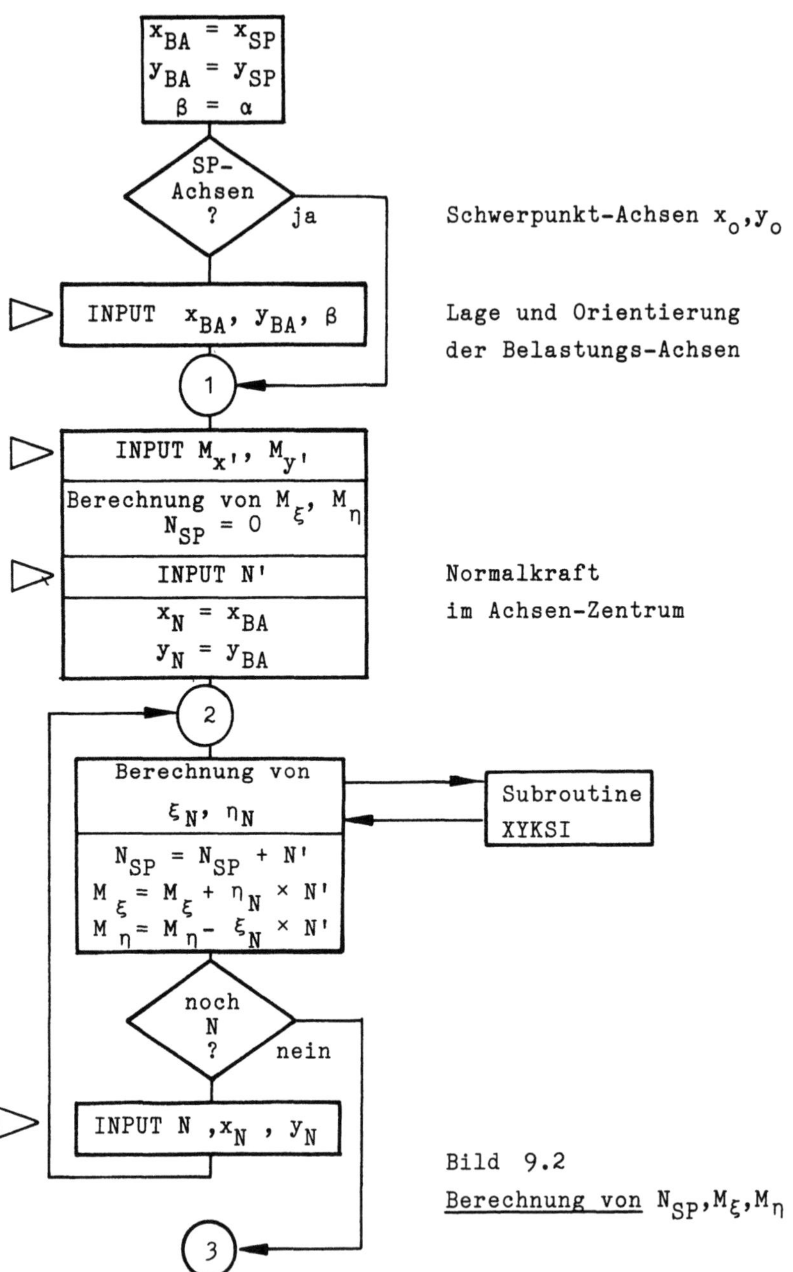

Bild 9.2
Berechnung von N_{SP}, M_ξ, M_η

Bei Antwort "nein" werden die Eingaben über die Belastungsachsenlage verlangt; diese ersetzen in den Speichern 01,
02 und 29 die vorherigen Werte (Flag 03 wird gesetzt).

In beiden Fällen läuft die Berechnung zur Anweisung 53
(LBL 01).
Bei gelöschter Flag 03 (A.54) erfolgt eine protokollierte
Meldung "SCHWERPUNKT-ACHSEN".

<u>Momenten-Eingabe</u> (A.61 bis 86)

In den Anweisungen 61 bis 71 erfolgt die Eingabe von $M_{x'}$
und $M_{y'}$: sie werden in die Speicher 27 und 28 geschrieben.
Folgt die Umrechnung nach M_ξ und M_η (A.72 bis 87) unter
Benutzung der Funktionen R-P und P-R (siehe dazu auch Routine XYKSI 5.7.2):
- Zuerst wird im Speicher 29 β durch $\gamma = \beta - \alpha$ ersetzt;
- aus $M_{x'}$ und $M_{y'}$ werden M_R und δ berechnet (A.74-76);
- δ wird durch $\delta + \gamma$ ersetzt, und über P-R werden M_ξ und M_η
  berechnet und in die Speicher 24 und 25 abgelegt.
Am Ende dieser Berechnung wird das z.Z. gültige E-Modul
bzw. der n-Wert in den Speicher 31 dupliziert.

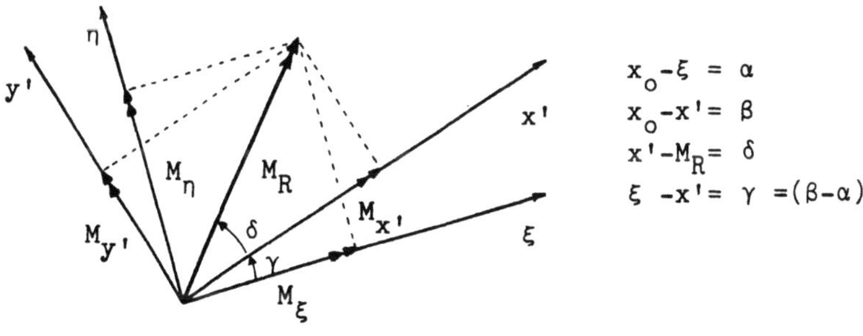

<u>Bild 9.3</u> Berechnung von M_ξ und M_η aus $M_{x'}$ und $M_{y'}$

Normalkräfte-Eingabe (A.87 bis 119)

Vor der Eingabe der Einzellasten wird der Summenspeicher für Normalkräfte (Speicher 30) gelöscht. Es folgt nachher die Eingabe der Einzellast N' im Achsen-Zentrum (A.90): sie wird in Register 03 geschrieben (ihre Koordinaten X_{BA} und Y_{BA} sind bekannt und in 01 und 02 gespeichert).

Die folgenden Anweisungen ab Punkt (2) im Flußdiagramm (LBL 08) rechnen aus N in 03, x_N in 01 und y_N in 02, zuerst die Hauptachsenkoordinaten ξ und η (über XYKSI: siehe dazu Schnittstelle, T a b e l l e 5.14). Nachher wird N' in den Speicher 30 addiert (A.95). Zum Schluß werden die Inkremente ΔM_ξ und ΔM_η nach den Gleichungen (9.1 und 9.2) berechnet und in die Speicher 24 und 25 addiert (A.98 u. 102).

$$\Delta M_\xi = N' \times \eta \tag{9.1}$$

$$\Delta M_\eta = -N' \times \xi \tag{9.2}$$

Es folgt eine Befragung, ob noch Einzellasten vorhanden sind und im positiven Fall die Eingabe von N, jetzt aber auch die Eingabe der Koordinaten x_N und y_N (A.108-116), und über LBL 08 erfolgt die Berechnung und Addition der zugehörigen Inkremente von Normalkräften und Momenten. Das wiederholt sich, solange Einzellasten vorhanden sind.

Im negativen Fall - keine Einzellasten mehr - ist die Berechnung der Schnittgrößen, bezogen auf die Hauptachsen, zu Ende: das Programm läuft weiter über LBL 03 zu "SIG" (s. T a b e l l e 9.3 , § 9.2) und hält (R/S BITTE) bei der Anweisung 134. Es ist die letzte Möglichkeit, mit "F" (in USER-Modus) bzw. XEQ ALPHA FEHLER ALPHA Belastungseingaben zu korrigieren. Nach R/S wird Flag 07 gelöscht (A. 135): Sprung in A. 20 nach SIG.

<u>Bemerkung</u>: Zugkräfte sind positiv.

Tabelle 9.2   Anweisungsliste für "SIGMA"

01 LBL^{T}SIGMA	31^{T}SP-ACHSEN	61 ^{T}NGABEN	91 STO 03
02 SF 07	32 ASTO 22	62 ASTO X	92 LBL 08
03 ^{T}AE-15	33 ASHF	63^{T}BELASTUNGSA	93 XEQ XYKSI
04 ASTO 21	34 ASTO 23	64 XEQ^{T}DR	94 RCL 03
05 0	35 CLA	65 ENG 4	95 ST+ 30
06 STO 20	36 ARCL 22	66 ^{T}MX=	96 RCL 28
07 LBL^{T}AE-15	37 ARCL 23	67 XEQ^{T}IR	97 *
08 RCL 20	38 ⊢?	68 STO 27	98 ST+24
09 FIX 4	30 XEQ^{T}GR	69 ^{T}MY=	99 RCL 03
10 2	40 1	70 XEQ^{T}IR	100 RCL 27
11 X=Y?	41 X=Y?	71 STO 28	101 *
12 GTO 00	42 GTO 01	72 RCL 18	102 ST- 25
13 RDN	43^{T}X=	73 ST- 29	103^{T}NOCH N-
14 3	44 XEQ^{T}IR	74 RCL 28	KRAEFTE?
15 X=Y?	45 STO 01	75 RCL 27	104 ENG 4
16 GTO 00	46^{T}Y=	76 R-P	105 XEQ^{T}GR
17 EXQ^{T}HTM	47 XEQ^{T}IR	77 X<>Y	106 X=0?
18 LBL 00	48 STO 02	78 RCL 29	107 GTO 03
19 FC? 07	49^{T}BETA=	79 +	108 ^{T}N=
20 GTO^{T}SIG	50 XEQ^{T}IR	80 X<>Y	109 XEQ^{T}IR
21 RCL 13	51 STO 29	81 P-R	110 STO 03
22 STO 01	52 SF 03	82 STO 24	111 FIX 4
23 RCL 14	53 LBL 01	83 RDN	112^{T}X=
24 STO 02	54 FS?C 03	84 STO 25	113 XEQ^{T}IR
25 0	55 GTO 00	85 RCL 11	114 STO 01
26 STO 29	56 ^{T}ACHSEN	86 STO 31	115^{T}Y=
27^{T}ACHSEN	57 ASTO X	87 0	116 XEQ^{T}IR
28 ASTO X	58^{T}SCHWERPUNKT	88 STO 30	117 STO 02
29^{T}BELASTUNGS	59 XEQ^{T}DR	89^{T}N-BA=	118 GTO 08
30 XEQ^{T}DR	60 LBL 00	90 XEQ^{T}IR	119 LBL 03

A.128 (T a b e l l e   9.3)

9.2 Die Berechnung der Spannungen "SIG"

9.2.1 Aufgabenstellung

Nach Eingabe der Koordinaten (x-, y-Koordinaten) eines Punktes wird die Spannung in diesem Punkt berechnet.
Die Spannung entsteht in dem Material, dessen E-Modul bzw. n-Wert z.Z. gültig ist. Eine Änderung von E bzw. n vor der Koordinateneingabe ist möglich.

9.2.2 Programmbeschreibung

Siehe dazu B i l d 9.3 und T a b e l l e 9.3 .

In den Registern 30, 24 und 25 werden die Hilfswerte N/A, M_ξ/J_ξ, M_η/J_η gebildet. In den Speicher 26 wird als Kontrollwert $\sum A*E$ (Register 05) dupliziert. Das Programm läuft wieder zu "SIG"(A.128).

Bemerkung: zu Label SIG laufen auch:
- Fehler-Routine (6.5) bei gelöschter Flag 07: Korrektur der Koordinaten-Eingaben;
- E-Modul bzw. n-Wert-Routine (6.6), und zwar über A.20 (Siehe Anweisungsliste, T a b e l l e 9.2).

Zuerst findet eine Querschnittskontrolle statt: wenn (26) ≠ (05) ist, dann wird eine neue Belastungseingabe über SIGMA verlangt (A.132).

Es folgt ein Stop mit Meldung: "R/S BITTE". Mann kann:
- entweder E-Modul bzw. n-Wert ändern (man rechnet Material-bezogene Spannungen!);
- oder mit R/S weiter rechnen.

Im letzten Fall werden die eingegebenen Punkt-Koordinaten in 01 und 02 gespeichert (A.140 u. 143) und über XYKSI ξ und η berechnet.

Es folgt die Berechnung von σ nach der Gleichung (3.1) (A.145-153): diese Spannung entsteht in dem Material, dessen E-Modul bzw. n-Wert bei der Berechnung von A, J_ξ und J_η gültig war (gespeichert im Register 31).

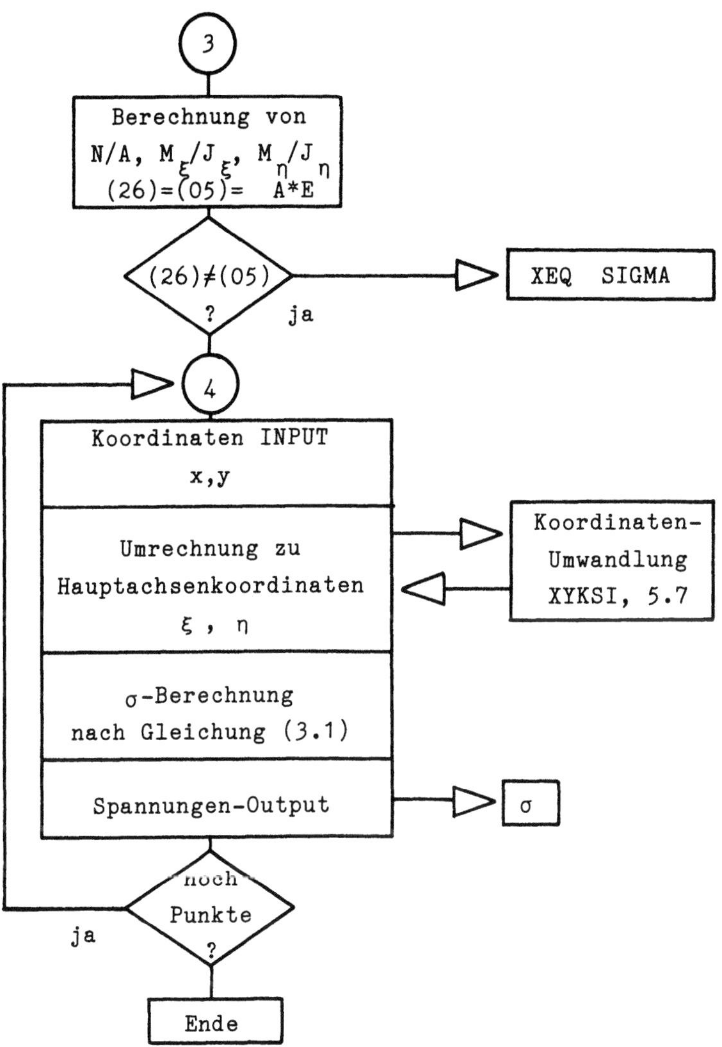

Bild 9.3 Berechnung der Spannungen aus den
Hauptachsen-Schnittgrößen: N_{SP}, M_ξ, M_η
und aus den Querschnittswerten A, J_ξ, J_η

In den folgenden Anweisungen (A.154 - 157) erfolgt eine Umrechnung zu den Werten des gültigen Materials (E bzw. n im Register 11).

Das Programm läuft zurück nach "SIG" für die Berechnung der Spannungen im nächsten Punkt.

<u>Tabelle 9.3</u> Anweisungsliste für "SIG"

120 RCL 12	131 X≠Y?	142 ^{T}Y=	153 RCL 30
121 ST/ 30	132 XEQ^{T}SIGMA	143 XEQ^{T}IR	154 +
122 RCL 15	133 ^{T}R/S BITTE	144 STO 02	155 RCL 11
123 ST/ 24	134 PROMPT	145 XEQ^{T}XYKSI	156 *
124 RCL 16	135 CF 07	146 RCL 24	157 RCL 31
125 ST/ 25	136 FIX 4	147 RCL 28	158 /
126 RCL 05	137 ^{T}PUNKT	148 *	159 ^{T}SIGMA=
127 STO 26	138 AVIEW	149 RCL 25	160 STO 01
128 LBL^{T}SIG	139 ^{T}X=	150 RCL 27	161 XEQ^{T}DR
129 RCL 05	140 XEQ^{T}IR	151 *	162 PSE
130 RCL 26	141 STO 01	152 -	163 GTO^{T}SIG

<u>Bemerkung</u>: Das Programm (SIGMA+SIG: Tabelle 9.2 u. 9.3) wird auf Magnetkarte gespeichert bei gesetzter Flag 11.

10 Querschnittswerte- und Koordinaten-umwandlung Die Benutzung der Routinen des Grundprogrammes

<u>10.1 Allgemeines</u>

Zuerst :

- Geräteinhalt löschen (Memory lost: siehe 7.2);
- XEQ SIZE 035;
- USER-Modus einschalten;
- Grundprogramm (7.4) laden;
- Programm mit GTO .. schützen.

<u>Bemerkung:</u>

Einigen Tasten der zweiten Reihe werden bestimmte Funktionen zugeordnet, siehe T a b e l l e 10.1.

<u>Tabelle 10.1</u> Funktionenzuordnung

f	g	h	i	j
N-WERT	E-MODUL	W-CARD	SP-QW	HA-QW
FEHLER	BETA	-	-	-
F	G	H	I	J

<u>10.2 Bestimmung der Hauptachsenlage</u>

Siehe 5.4, B i l d 5.3 und T a b e l l e 5.8

Bekannt sind: $\quad J_x,\ J_y,\ J_{xy}$

Es ist zu bestimmen: α

$$J_x \quad = \quad 8.807.201\ cm^4 \quad STO\ 15$$
$$J_y \quad = \quad 2.295.012\ cm^4 \quad STO\ 16$$
$$J_{xy} \quad = \quad -1.829.011\ cm^4 \quad STO\ 17$$

$$XEQ \quad \boxed{HAW}$$

$$\alpha \quad = \quad RCL\ 18 \quad = \quad 14{,}662°$$

10.3 Trägheitsmomente und Zentrifugalmoment bei einer Achsen-Rotation

Siehe 5.5, B i l d 5.6 und T a b e l l e 5.10

Bekannt sind: J_{x1}, J_{y1}, $J_{x1,y1}$, der Winkel α

Es sind zu bestimmen: J_{x2}, J_{y2}, $J_{x2,y2}$

$$
\begin{aligned}
J_{x1} &= 8.807.201 \text{ cm}^4 \quad \text{STO 15}\\
J_{y1} &= 2.295.012 \text{ cm}^4 \quad \text{STO 16}\\
J_{x1,y1} &= -1.829.011 \text{ cm}^4 \quad \text{STO 17}\\
\alpha &= 25{,}00 \quad^\circ \quad \text{STO 18}
\end{aligned}
$$

XEQ $\boxed{\text{SAR}}$

$$
\begin{aligned}
J_{x2} &= \text{RCL 15} = 9.045.187{,}414 \text{ cm}^4\\
J_{y2} &= \text{RCL 16} = 2.057.025{,}586 \text{ cm}^4\\
J_{x2,y2} &= \text{RCL 17} = 1.318.647{,}489 \text{ cm}^4
\end{aligned}
$$

10.4 Bestimmung der Hauptträgheitsmomente

Siehe 5.6, B i l d 5.7 und T a b e l l e 5.12

Bekannt sind: J_{xo}, J_{yo}, $J_{xo,yo}$

Es sind zu bestimmen: α, J_ξ, J_η

$$
\begin{aligned}
J_{xo} &= 1.960{,}93 \text{ cm}^4 \quad \text{STO 15}\\
J_{yo} &= 2.356{,}89 \text{ cm}^4 \quad \text{STO 16}\\
J_{xo,yo} &= 613{,}16 \text{ cm}^4 \quad \text{STO 17}
\end{aligned}
$$

XEQ $\boxed{\text{HAW}}$

XEQ $\boxed{\text{SAR}}$

$$
\begin{aligned}
\alpha &= \text{RCL 18} = -53{,}95 \quad^\circ\\
J_\xi &= \text{RCL 15} = 2.803{,}24 \text{ cm}^4\\
J_\eta &= \text{RCL 16} = 1.514{,}58 \text{ cm}^4
\end{aligned}
$$

<u>Bemerkung</u>: Winkel im Uhrzeigersinn = negativ.

10.5 Koordinaten-Umwandlung

Siehe 5.7, T a b e l l e 5.14, B i l d 10.1

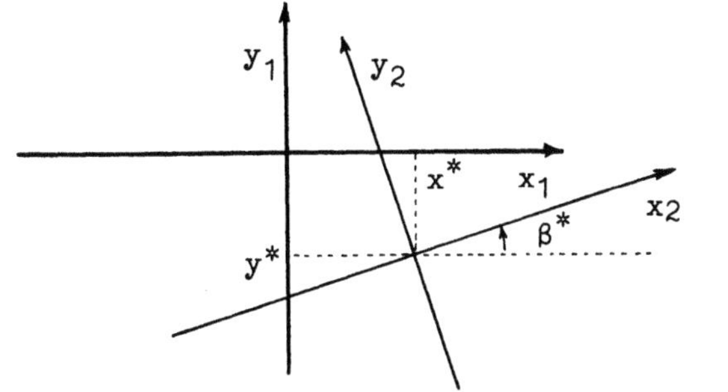

<u>Bild 10.1</u> Koordinaten-Umwandlung. Achsenlage.

<u>Fall A</u>: Die Lage des neuen Achsenkreuzes, bezogen auf die alten Achsen, ist bekannt (von x_1,y_1 nach x_2,y_2).

<u>Fall B</u>: Die Lage des alten Achsenkreuzes, bezogen auf die neuen Achsen, ist bekannt (von x_2,y_2 nach x_1,y_1).

10.5.1 Vorbereitungsstufe

	Fall A	Fall B
Achsenlage-Eingabe	x^* STO 13 y^* STO 14 β^* STO 18	x^* STO 13 y^* STO 14 β^* STO 18

Berechnung der Koordinaten des neuen Achsenkreuzes, bezogen auf die alten Achsen und Speicherung der entsprechenden Werte in die Register 13(x), 14(y) und 18(β).

Entfällt beim Fall A.

Fall B:

```
0   STO 01
0   STO 02
XEQ XYKSI
RCL 27
STO 13
RCL 28
STO 14
1 CHS
STO* 18
```

10.5.2 Koordinatenberechnung

Bekannte Koordinaten eingeben, Funktion: XEQ XYKSI rufen.
Berechnete Koordinaten lesen.

Es wird empfohlen, die Funktion XYKSI einer Taste z.B.
der Taste C zuzuordnen :

SHIFT ASN ALPHA XYKSI ALPHA "Taste C"

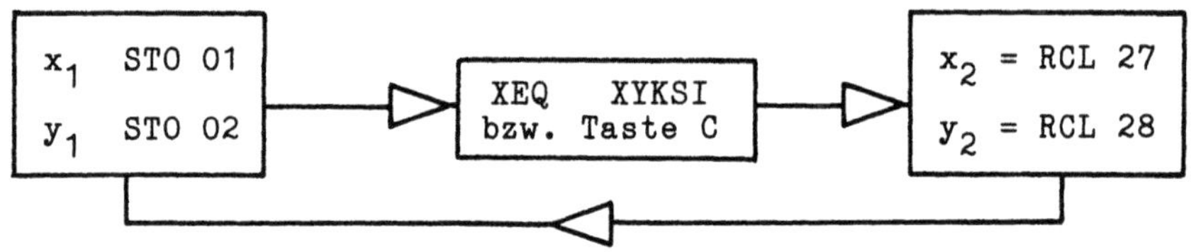

10.5.3 Beispiel
(siehe dazu Bild 10.1)

- Fall A: Man speichert die bekannten Werte wie im 10.5.1,
  Fall A, vorgesehen, und zwar:

> 2,80 STO 13,   -3,20 STO 14,   20,20 STO 18,

und rechnet (10.5.2) aus x_1 und y_1 die entsprechenden
x_2 und y_2 (Ergebnisse siehe folgende Tabelle).

x_1	y_1	x_2	y_2
2,50	3,50	2,0320	6,3915
-3,50	2,25	-4,0306	7,2902
4,00	-5,80	0,2284	-2,8544

- Fall B: Man tippt jetzt die Befehlsfolge nach 10.5.1
  (Fall B) und rechnet zur Kontrolle aus x_2 und y_2 die
  Werte x_1 und y_1 (nach 10.5.2: Index 1 und 2 vertauschen!).
  Man erhält die Anfangswerte.

10.6 Von Querschnittsgrößen, bezogen auf die Schwerpunktachsen, parallel zu den Koordinatenachsen, zu Querschnittsgrößen, bezogen auf die Koordinatenachsen

Siehe 6.4.1, T a b e l l e 6.5, und B i l d 10.2

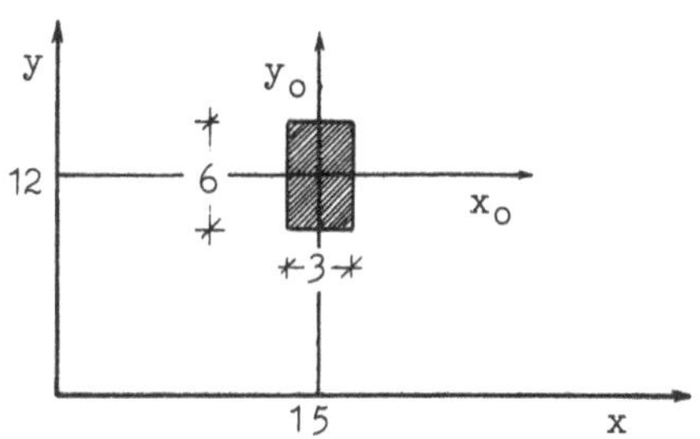

Bekannte Größe:

$A \quad = 18$

$J_{xo} = 3*6^3/12 = 54$

$J_{yo} = 6*3^3/12 = 13,50$

$J_{xo,yo} \qquad = 0$

$x_{SP} = 15$

$y_{SP} = 12$

Bild 10.2

10.6.1 Bekannte Werte eingeben:

A	= 18	STO 12	J_{xo}	= 54	STO 15
x_{SP}	= 15	STO 13	J_{yo}	= 13,50	STO 16
y_{SP}	= 12	STO 14	$J_{xo,yo}$	= 0	STO 17
nicht vergessen		0 STO 20			

10.6.2 Folgende Befehle tippen:

SF 07

XEQ $\boxed{\text{SB-2}}$

10.6.3 Ergebnisse lesen:

A	= RCL 12 =	18	J_x	= RCL 15 =	2.646
S_x	= RCL 14 =	216	J_y	= RCL 16 =	4.063,5
S_y	= RCL 13 =	270	J_{xy}	= RCL 17 =	3.240

10.7 Von Querschnittsgrößen, bezogen auf Schwerpunktachsen in beliebiger Lage, zu Querschnittsgrößen, bezogen auf die Koordinatenachsen

Siehe 5.5 und 6.4.1, T a b e l l e n 5.10 und 6.5.

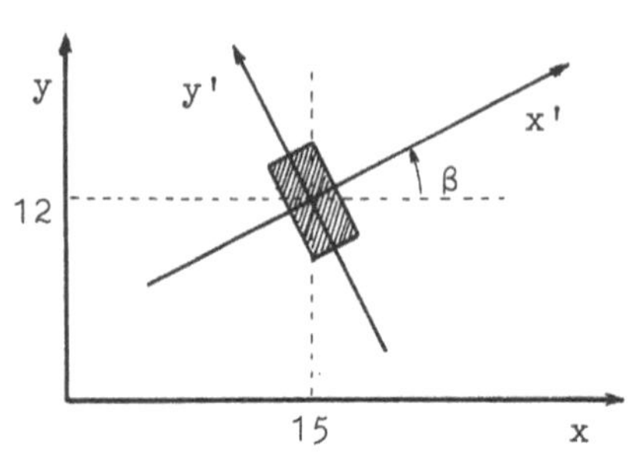

Bild 1o.3 Achsenlage

Gleicher Querschnitt wie im Bild 10.2

Hauptachsen aber geneigt: $\beta = 26^{\circ}$

Bemerkung:

x' und y' müssen nicht unbedingt Hauptachsen sein.

$J_{x',y'}$ kann $\neq$ 0 sein.

10.7.1 Bekannte Werte eingeben:

A	= 18	STO 12	$J_{x'}$	= 54	STO 15
x_{SP}	= 15	STO 13	$J_{y'}$	= 13.50	STO 16
y_{SP}	= 12	STO 14	$J_{x',y'}$	= 0	STO 17
$-\beta$	= -26	STO 18		0	STO 20

10.7.2 Folgende Befehle tippen:

SF 07

XEQ [SAR]

XEQ [SB-2]

10.7.3 Ergebnisse lesen:

A	= RCL 12 = 18	J_x	= RCL 15	= 2.638,22
S_x	= RCL 14 = 216	J_y	= RCL 16	= 4.071,28
S_y	= RCL 13 = 270	J_{xy}	= RCL 17	= 3.224,04

10.8 Von Querschnittsgrößen, bezogen auf die Koordinatenachsen, zu Hauptachsenlage und Hauptträgheitsmomenten

Siehe 5.6, T a b e l l e 5.12 und B i l d 10.4

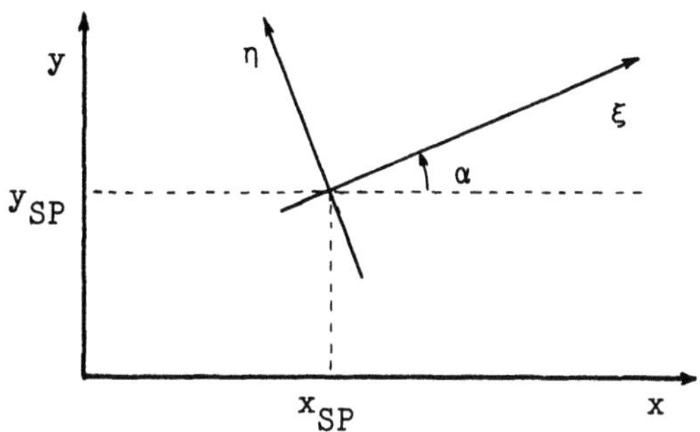

Bild 10.4 Achsenlage

10.8.1 Bekannte Werte eingeben:
(Man benutzt die Werte von 10.7.3).

A	= 18	STO 05	J_x	= 2.638,22	STO 08
S_x	= 216	STO 07	J_y	= 4.071,28	STO 09
S_y	= 270	STO 06	J_{xy}	= 3.224,04	STO 10
nicht vergessen:				1	STO 11

10.8.2 Folgenden Befehl tippen:

XEQ [HTM]

10.8.3 Ergebnisse lesen:

A	= RCL 12 =	18	J_ξ	= RCL 15 =	54
x_{SP}	= RCL 13 =	15	J_η	= RCL 16 =	13,50
y_{SP}	= RCL 14 =	12	α	= RCL 18 =	26°

10.9 Von Querschnittsgrößen, bezogen auf beliebige Achsen x_1 und y_1 zu Querschnittsgrößen, bezogen auf beliebige Achsen x_2 und y_2

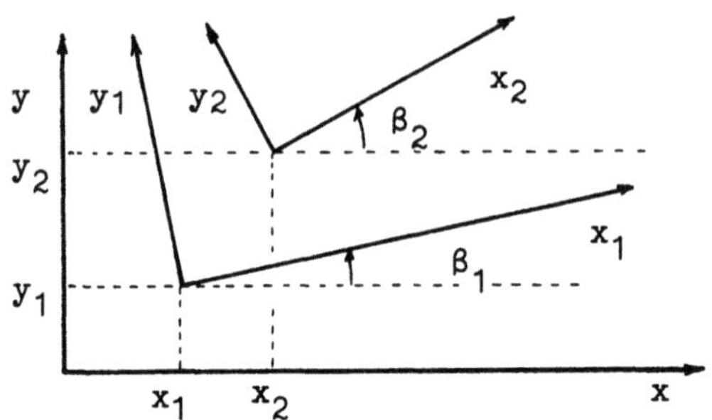

Bild 10.5 Achsenlage

10.9.1 Bekannte Werte eingeben: (zuerst) | 1   STO 11 |

A	STO 05	S_{x1}	STO 07	S_{y1}	STO 06
J_{x1}	STO 08	J_{y1}	STO 09	J_{x1y1}	STO 10
x_1	STO 13	y_1	STO 14	β_1	STO 12
x_2	STO 24	y_2	STO 25	β_2	STO 29

10.9.2 Folgende Befehlsfolge tippen bzw. Programm (mit gesetzter Flag 11) speichern und Karte einlesen.

01 RCL 25	11 X<>Y	21 –	31 STO 13
02 RCL 14	12 P-R	22 RCL 13	32 RDN
03 –	13 STO 24	23 RCL 24	33 STO 14
04 RCL 24	14 RDN	24 –	34 RCL 29
05 RCL 13	15 STO 25	25 R-P	35 RCL 18
06 –	16 RCL 12	26 X<>Y	36 –
07 R-P	17 ST- 29	27 RCL 29	37 STO 18
08 X<>Y	18 XEQ^{T}HTM	28 –	38 SF 07
09 RCL 12	19 RCL 14	20 X<>Y	39 XEQ^{T}SAR
10 –	20 RCL 25	30 P-R	40 XEQ^{T}SB-2

10.9.3 Ergebnisse lesen:

A = RCL 12	S_{x2} = RCL 14	S_{y2} = RCL 13
J_{x2} = RCL 15	J_{y2} = RCL 16	J_{x2y2} = RCL 17

10.9.4 Beispiel

Gegeben sind die Querschnittswerte, bezogen auf die Achsen x_1 und y_1.

$$x_1 = 5 \text{ m} \qquad y_1 = 4 \text{ m} \qquad \beta_1 = 20^\circ$$

Es werden die Querschnittswerte, bezogen auf die Achsen x_2 und y_2, berechnet.

$$x_2 = 7 \text{ m} \qquad y_2 = 12 \text{ m} \qquad \beta_2 = 35^\circ$$

x_1-y_1-Werte		x_2-y_2-Werte	
A	= 25,000000 m²	A	= 25,000000 m²
S_{x1}	= -29,883624 m³	S_{x2}	= -147,430368 m³
S_{y1}	= -64,085638 m³	S_{y2}	= -225,309313 m³
J_{x1}	= 3676,988577 m⁴	J_{x2}	= 4154,660621 m⁴
J_{y1}	= 2038,011423 m⁴	J_{y2}	= 4260,339381 m⁴
J_{x1y1}	= 551,870204 m⁴	J_{x2y2}	= 2182,173286 m⁴

11 Die Berechnung der Querschnittswerte und der Spannungen

<u>11.1 Die Benutzung der Programmkarten</u>

Voraussetzung für die Benutzung der Programme von Kap.
8 und 9 ist, daß das Grundprogramm (Kap.7) geladen und
geschützt wurde. Drucker Wahlschalter, bei vorhandenem
Drucker in Stellung MAN bringen. Alle Programme starten
automatisch nach Einlesen der Magnetkarte.

<u>11.1.1 Querschnittswerte-Programme</u>

stellen zuerst die Frage "Neue Berechnung ?", teilen Quer-
schnittsform und Pos.-Nr. mit, für die Eingaben gemacht
werden können und halten mit der Meldung: "R/S BITTE".
Man kann entweder:
- R/S tippen und gemeldete Form eingeben oder
- eine neue Programmkarte einlesen und starten;
- N-Wert mit "f" eingeben oder ändern;
- E-Module mit "g" eingeben oder ändern;
- Winkel mit "G" eingeben;
- Ausgabe von Querschnittswerten verlangen, und zwar:
  mit "i" von Werten, bezogen auf die Schwerpunktachsen;
  mit "j" von Werten, bezogen auf die Hauptachsen;
- mit "h" Querschnittswerte auf Magnetkarte abspeichern.

<u>11.1.2 Das Programm für die Berechnung der Spannungen</u>

startet automatisch und gibt mit der Frage "SP-Achsen ?"
die Möglichkeit, die Belastungsachsen zu wählen (9.1.1).

Nach der Schnittwerteingabe folgt eine zweite Frage: "Noch
N-Kräfte ?". Man kann entweder N-Kräfte eingeben oder mit
"0" die Belastungseingabe beenden.

Es folgt die Stop-Start-Stelle "R/S BITTE". Nach R/S kann
man Koordinaten eingeben und die Ausgabe der entsprechenden
"SIGMA" verlangen.

Einzelheiten entnehmen Sie bitte dem folgenden Beispiel.

11.2 Neue Berechnung, Eingaben und Fehlerkorrektur

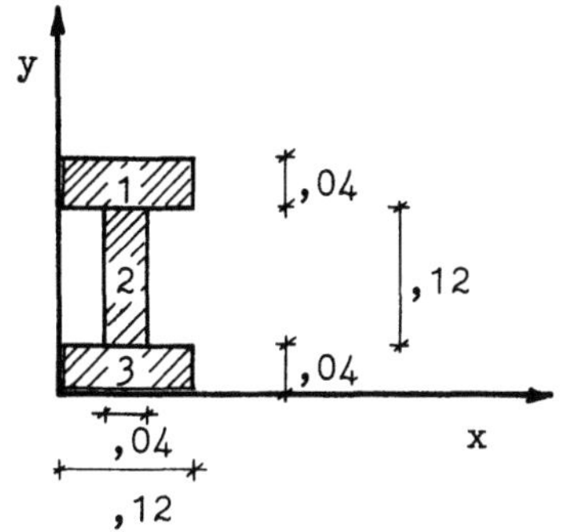

Bild 11.1 Geleimter Holzbalken

Alle Abmessungen nach B i l d 11.1 in Metern. Es sind zu bestimmen: Schwerpunktlage, Querschnittswerte sowie max σ bei einem Moment M = 6 kNm max τ bei einer Querkraft Q = 2 kN

11.2.1 Eingabe der Querschnittsabmessungen und Berechnung der Querschnittswerte

Der Querschnitt läßt sich in drei Rechtecke teilen.

01 Karte "RECHT" einlesen.

02 Frage: NEUE BERECHNUNG ? Man tippt 1(=ja).

03 Protokollierte Meldung: QUERSCHNITTSWERTE-NULLSTELLUNG

04 Meldung: RECHTECK 1

05 Meldung: R/S BITTE. (Das Programm hält).
   Da man Rechtecke eingeben will, tippt man R/S.

06 Protokollierte Meldung : RECHTECK 1

07 Eingaben: Wert tippen und nachher R/S
           B= 0,1200 R/S   H= 0,0400 R/S
           X= 0,0600 R/S   Y= 0,1800 R/S

08 Frage: FEHLER ? Keine Fehler: man tippt O(=nein).

09 Meldung : RECKTECK 2   (gleiche Form, neue Position)

10 Meldung R/S BITTE (wie 05)
   Da noch Rechtecke vorhanden sind, tippt man R/S.

11 Protokollierte Meldung: RECHTECK 2
   Eingaben: B= 0,2000 R/S   (Fehler !)
   Man tippt "F" bzw. XEQ FEHLER (zurück nach 09).

09 bis 10 : RECHTECK 2 - R/S BITTE - R/S

11 Eingaben: B= 0,0400 R/S   H= 0,1200 R/S
              X= 0,0600 R/S   Y= 0,1000 R/S

12 Frage: FEHLER ? O=nein

13 Meldung: RECHTECK 3 - R/S Bitte - R/S

14 Eingaben: B= 0,1200 R/S   H= 0,8000 R/S
    Man merkt den Fehler, tippt aber
    weiter: X= ...... R/S   Y= ...... R/S

15 Frage: FEHLER ? 1=ja und zurück nach 14

14 Eingaben: B= 0,1200 R/S   H= 0,0400 R/S
              X= 0,0600 R/S   Y= 0,0200 R/S

15 Frage: FEHLER ? O=nein

16 Meldung: RECHTECK 4 - R/S Bitte
    Man will keine Pos. 4 eingeben, man tippt nicht R/S.
    Man kann aber: (siehe 11.1.1).

11.2.2 Querschnittswerte, bezogen auf die Schwerpunktachsen (SP-QW= Schwerpunktachsen-Querschnittswerte)

17 Man will SP-QW. Man tippt "i". Ausgabe:

18 A = 0,0144 m^2 X = 0,0600   m
    Y = 0,1000   m JX = 68,480 E-6 m^4
    JY = 12,160 E-6 m^4 JXY = 0,0000 E-0 m^4

11.2.3 Eingabe der Belastungswerte und Berechnung der Sigma-Spannungen

19 Zur Bestimmung der Spannungen Karte "SIGMA".

20 Frage: BELASTUNGSACHSEN, SP(Schwerpunkt)-ACHSEN ?
    Die Schnittgrößen beziehen sich auf Schwerpunktachsen: 1

21 Protokollierte Meldung:
        SCHWERPUNKTACHSEN - BELASTUNGSANGABEN

22 Eingaben: MX= 0,006 MNm   MY= 0   N-BA= 0
    N-BA = Normalkraft im Belastungsachsenzentrum.
    Alle Werte (MN bzw. MNm) werden als ENG 4 protokolliert.

23 Frage: NOCH N-KRAEFTE ? Antwort O=nein.

24 Meldung R/S Bitte. (Letzte Möglichkeit mit "F" Eingaben-
    Fehler zu korrigieren. Nach R/S folgt:

25 Meldung PUNKT - R/S BITTE - man tippt R/S
    x = 0,06 m   y = 0,00 m
26 Ausgabe: SIGMA = -8,7617 MN/m²
27 R/S BITTE (R/S für neue Koordinaten), z.B.
    X = 0,06 m   Y = 0,20 m   SIGMA= 8,7617 MN/m²

11.2.4 Bestimmung der Schub-Spannungen

$$\tau = \frac{Q \times S_{x(1)}}{J_x \times b} \tag{11.1}$$

Q = 2 kN = 0,002 MN   b = 0,04 m
J_x = 68,480 E-6 m⁴ x_{SP} = 0,06 m y_{SP} = 0,10 m
(aus 11.2.2, Zeile 18)

Für die Bestimmung der Schubspannung, [4] Seite 507, nach der Gleichung (11.1) ist die Berechnung des statischen Momentes der Pos. 1 (Flansch) erforderlich.

01 Karte "RECHT". Neue Berechnung. Eingabe von:
    B= 0,12   H= 0,04   X= 0,06   Y= 0,18
02 RECHTECK 2 - R/S BITTE

<u>Bemerkung</u>: die Querschnittswerte, bezogen auf die Koordinaten-Achsen x und y, sind in den Registern 05 bis 10 gespeichert, siehe T a b e l l e 4.1. In dem Register 11 ist der Wert 1 geladen. Es sind die gleichen Speicher, die für eine Querschnittswert-Umwandlung vorgesehen wurden (siehe Paragraph 10.9.1). Folgende Werte speichern:

0	STO 13	0	STO 14	0	STO 12
X_{SP}	STO 24	Y_{SP}	STO 25	0	STO 29

Magnetkarte (Programm aus § 10.9.3) einlesen.

S_x = RCL 14 = 384,00 E-6 m³

τ = 0,002 x 384,00 E-6 / 68,480 E-6 / 0.04 = 0.280 MN/m²

11.3 Berücksichtigung einer Aussparung

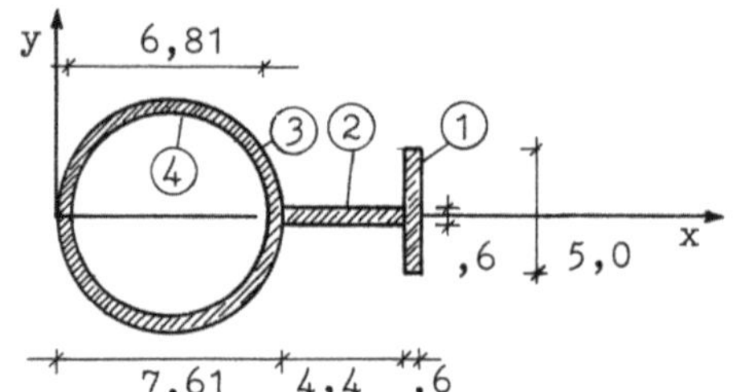

Querschnitt nach
B i l d 11.2.

Es sind zu bestimmen:
Schwerpunkt
Fläche
Hauptachsenlage
Hauptträgheitsmomente

<u>Bild 11.2</u> Verstärktes Stahlrohr   Alle Abmessungen cm.

01 Karte "RECHT". Eingaben:
    Rechteck 1 B=0,60 H=5,00 X=12,31 Y= 0,00
    Rechteck 2 B=4,40 H=0,60 X= 9,81 Y= 0,00
02 Meldung: RECHTECK 3 - R/S BITTE
03 Karte "KREIS". Eingaben:
    Kreis 3   D=7,61 X=3,805 Y= 0,00
04 Meldung: KREIS 4 - R/S BITTE
    (Kreis 4 = Aussparung = negative Fläche: n=-1)
05 1 CHS (=-1) Taste"f" bzw. XEQ $\boxed{\text{N-WERT}}$
06 Protokollierte Meldung N = -1,0000 EO
07 Meldung: KREIS 4 - R/S BITTE - R/S. Eingaben:
    Kreis 4   D= 6,81 X=3,805 Y=0,00
08 Meldung: KREIS 5 - R/S BITTE
    (Nach der Aussparung Flächen wieder positiv: n= +1).
    1 "f" bzw XEQ $\boxed{\text{N-WERT}}$
    Meldung: N= 1,0000 EO
09 Meldung: KREIS 5 - R/S BITTE
    Kein Kreis bzw. keine Pos. 5 vorhanden. Man tippt:
10 "j" bzw. XEQ $\boxed{\text{HA-QW}}$ (Hauptachsen-Querschnittswerte)
          A = 14,7004 cm²   X = 6,6191 cm
          Y = 0,0000 cm   ALPHA = 90°
          J_ξ = 259,19 cm⁴ J_η = 65,385 cm⁴

<u>Bemerkungen:</u> α = 90° : ξ-Achse parallel zur y-Achse
                Eingabe "cm": Ausgabe "cm, cm², cm⁴ ".

11.4 Berücksichtigung der Neigung der Bezugsachsen

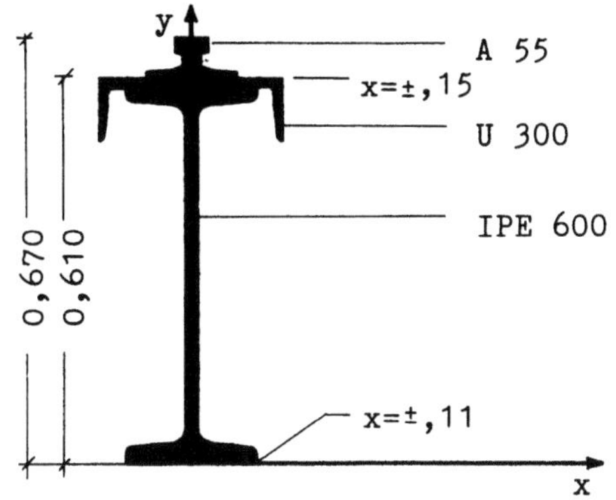

Bild 11.3 Träger für
ein verschiebbares Dach

Der Querschnitt besteht aus:
1) IPE 600
2) U 300
3) A 55 (KS 32) mit einer Ausnutzung von 5 mm.

Es sind zu bestimmen:

Hauptachsenwerte,

max σ bei

M = 489 kNm
N = -90 kN

01 Karte "PROFIL". Neue Berechnung.
02 Profil 1 A = 156 E-4   X = 0   Y = 0,3000
            JX = 92080 E-8 JY = 3390 E-8   JXY = 0
03 Meldung: PROFIL 2 - R/S BITTE
    Bemerkung: Die Profilachsen
    (laut Profilbuch) sind
    um -90°, gedreht.

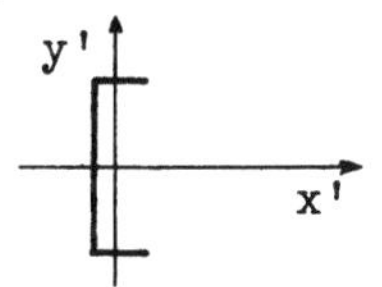

    Man tippt -90 Taste "G", bzw. -90 XEQ BETA
04 Profil 2 A = 58,80 E-4   X = 0   Y = 0,5830
            JX = 8030 E-8   JY = 495 E-8   JXY = 0
05 Protokollierte Bestätigung: BETA = - 90,00
06 Profil 3 A = 37,4 E-4   X = 0   Y = 0,6330
            JX = 136 E-8   JY = 328 E-8   JXY = 0
07 Meldung: PROFIL 4 - R/S BITTE
    Keine Pos. 4 vorhanden.
08 "i", bzw. XEQ HA-QW tippen
            A = 0,0252 m²   X = 0,0000 m
            Y = 0,41536 m   JX = 1.4771 E-3 m⁴
            JY = 117,48 E-6 m⁴   JXY = 0

Bemerkung: cm²×E⁻⁴ = m² ; cm⁴×E⁻⁸ = m⁴

```
09   Karte "Sigma" (Schwerpunktachsen : 1=ja)
     MX = 0,4890 MNm          MY = 0          N-BA = -0,090 MN
10   Frage: NOCH N-KRAEFTE ?   O=nein
11   R/S BITTE - R/S - PUNKT
     X =-0,11 m    Y = 0,00 m     SIGMA = -141,075 MN/m²
```

Der Sigma-Wert bleibt im Register 01 gespeicher:

$$SIGMA = RCL\ 01 = -141{,}075\ MN/m^2$$

```
12   R/S BITTE (für andere Punkte)
     X = 0,11 m    Y = 0,00 m     SIGMA = -141,075 MN/m²
     X = 0,00 m    Y = 0,67 m     SIGMA =  80,7292 MN/m²
```

<u>Bemerkung</u> für einen "anderen" Belastungsfall

entweder Karte "SIGMA" nochmal lesen (Zeile 09)

oder   XEQ $\boxed{SIGMA}$ tippen.

11.5   Schiefe Biegung

Gleicher Querschnitt wie vorher: B i l d 11.3.

Belastung : M_x = 125 kNm M_y = -100 kNm   N-BA = -90 kN

<u>Bemerkung</u>: Die Querschnittswerte des Querschnitts sind noch im Rechner vorhanden.


```
13   Karte "SIGMA" bzw.  XEQ SIGMA
14   SP-ACHSEN ?    1=ja
15   MX= 0,1250 MNm   MY= -0,1000 MNm   N-BA= -0,0900 MN
16   NOCH N-KRAEFTE ?  O=nein
17   Punkt:
     X =-0,11 m    Y = 0,00 m    SIGMA =   -132,3515 MN/m²
     X = 0,11 m    Y = 0,00 m    SIGMA =     54,9145 MN/m²
     X =-0,15 m    Y = 0,61 m    SIGMA =   -114,7789 MN/m²
     X = 0,15 m    Y = 0,61 m    SIGMA =    140,5838 MN/m²
     X = 0,00 m    Y = 0,67 m    SIGMA =     17,9799 MN/m²
```

<u>Bemerkung</u>: σ = RCL 01

ξ = RCL 27

η = RCL 28

11.6 Belastung mit Einzellasten in beliebiger Lage

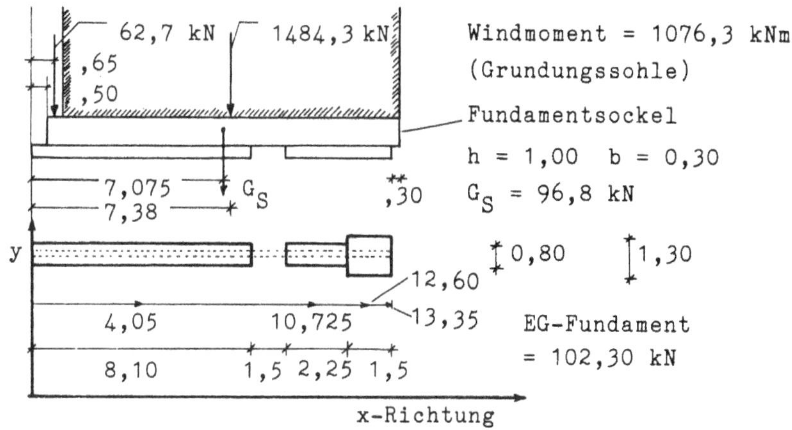

Bild 11.4 Fundamentbelastung

Es sind zu bestimmen die Bodenpressungen:
bei x = 0,00, x = 8,10, x = 9,60 und x = 13,35 m

01 Karte "RECHT" (neue Berechnung)

    Rechteck 1 B= 8,10 H= 0,80 X= 4,050 Y= 0

    Rechteck 2 B= 2,25 H= 0,80 X= 10,725 Y= 0

    Rechteck 3 B= 1,50 H= 1,30 X- 12,600 Y= 0

02 Karte"SIGMA" - Belastungsachsen = SP-Achsen

    MX = 0   MY = 1,0763 MNm   N-BA = -0,1023 MN

03 NOCH N-KRAEFTE ?   1=ja

    N = -0,0627 MN   X = 0,650 m   Y = 0

    N = -0,0968 MN   X = 7,075 m   Y = 0

    N = -1,4843 MN   X = 7,380 m   Y = 0

04 NOCH N-KRAEFTE ?   0=nein

05 Punkt X = 0,00 m   Y = 0 σ = -0,1136 MN/m^2

           X = 8,10 m   Y = 0 σ = -0,1811 MN/m^2

           X = 9,60 m   Y = 0 σ = -0,1935 MN/m^2

           X = 13,35 m   Y = 0 σ = -0,2248 MN/m^2

11.7 Aufzeichnen und lesen von Datenkarten

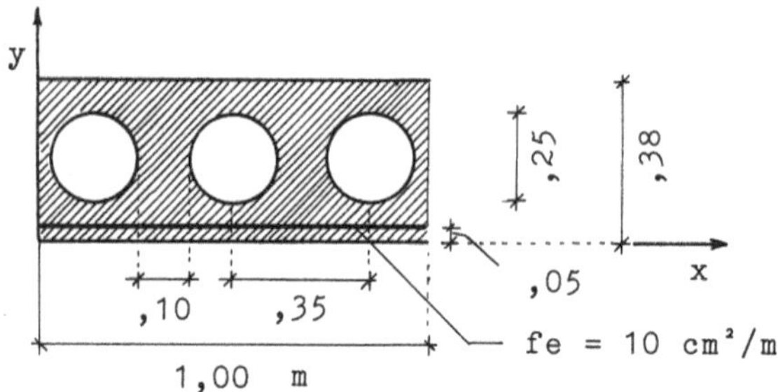

Bild 11. 5 Rohbaudecke

11.7.1 Eingabe und Aufzeichnung des Betonquerschnitts

01 Karte "RECHT" (neue Berechnung !)
    Rechtecke 1 B= 1,00 H= 0,38 X= 0,00 Y= 0,19

02 Karte "KREIS" ... KREIS 2 - R/S BITTE
    n=-100/35=-2,8571 Aussparungen/m

03 -2,8571 "f" bzw. XEQ [N-WERT]

04 Kreis 2 D= 0,25 X= 0,00 Y= 0,19

04 Meldung: KREIS 3 - R/S Bitte

05 1 "f" bzw. XEQ [N-WERT] (n=1 !)
    es ist jetzt möglich: siehe 11.1.1

06 "h" bzw. XEQ [W-CARD] : Aufzeichnung auf Magnetkarte

07 Anzeige: RDY 01 OF 02. Datenkarte, Spur 1.

08 Anzeige: RDY 02 OF 02. Datenkarte, Spur 2.

09 Auf Karte "Beton n=1" vermerken (Filzschreiber).

11.7.2 Eingabe und Aufzeichnung des Stahlquerschnitts

01 Karte "PUNKT" (neue Berechnung !)
    Eigene Trägheitsmomente der Stahleinlage bleiben
    unberücksichtigt.

02 PUNKT 1 - R/S BITTE

03 10 "f" bzw. XEQ [N-WERT] (n=10 für Stahl angenommen)

04 Punkt 1 A= 0,0010   X= 0,00   Y= 0,05

05 PUNKT 2 - R/S BITTE

06 "h" bzw. XEQ $\boxed{\text{W-CARD}}$: Aufzeichnung auf Magnetkarte

08 Anzeige: RDY 01 OF 02. Datenkarte, Spur 1.

09 Anzeige: RDY 02 OF 02. Datenkarte, Spur 2.

10 Auf Karte "Stahl n=10" vermerken.

<u>Bemerkung</u>: Die Querschnittswerte des Stahlquerschnittes (n=10) bleiben im Rechner als Pos. 1 gespeichert.

<u>11.7.3 Addition des auf Magnetkarte aufgezeichneten Querschnitts zu dem im Rechner gespeicherten Querschnitt</u>

Man will durch Addition des Betonquerschnitts zu dem Stahlquerschnitt die Querschnittswerte des bewehrten Querschnitts erhalten.

11 Karte "R-CARD" (Read-Card)

12 NEUE BERECHNUNG ?   0=nein (man will addieren!)

13 Meldung: MAGNETKARTE 2 - R/S BITTE - R/S

14 Bei nächster Meldung (MAGNETKARTE 2):
    Karte "Beton n=1" Spur 1 lesen.
    Spur 2 wird nicht verlangt. Siehe 6.8.4.

15 MAGNETKARTE 3 - R/S BITTE (Stop-Stelle)
    <u>Bemerkung</u>: Der Stahlquerschnitt ist im Rechner mit n=10 gespeichert. Der Betonquerschnitt war mit n=1 aufgezeichnet worden.   RCL 11 = 10.
    Bei Addition von Magnetkarten (sie dürfen auch andere n-Werte haben) bleibt "n" unverändert (s. 8.10.1).

16 1 "f" bzw. XEQ $\boxed{\text{N-WERT}}$ (man setzt n=1, Beton: man will "ideelle Betonquerschnittswerte".

17 "i" bzw. XEQ $\boxed{\text{SP-QW}}$
    A = 0,2498 m²/m   Y = 0,1844 m
    JX = 4,2130 E-3 m⁴/m   Andere Werte unbedeutend!

<u>11.7.4 Die Magnetkarten-Aufzeichnung wird geladen und evtl. mit anderen Magnetkarten-Aufzeichnungen ergänzt.</u>

01 Karte "R-CARD" (neue Berechnung !)

02 Meldung: MAGNETKARTE 1 - R/S BITTE. R/S tippen.

03 Protokollierte Meldung : MAGNETKARTE 1

04 Karte "Beton n=1", Spur 1 lesen.

05 Die protokollierte Meldung wird ergänzt :

BIS 2 - N = 1.0000 E0

Die Karte hat 2 Positionen geladen, folgende manuelle

Eingaben erfolgen bei n = 1

06 Meldung: MAGNETKARTE 3 - R/S BITTE

Da man noch Magnetkarte lesen will, tippt man R/S.

07 Karte "Stahl n=10", 1.Spur, lesen.

n ist = 1 geblieben (RCL 11 = 1).

08 "i" bzw. XEQ $\boxed{\text{SP-QW}}$ tippen. Man erhält die gleichen

Werte wie bei 11.7.3, Zeile 17.

11.8 Die Berechnung mit E-Modulen

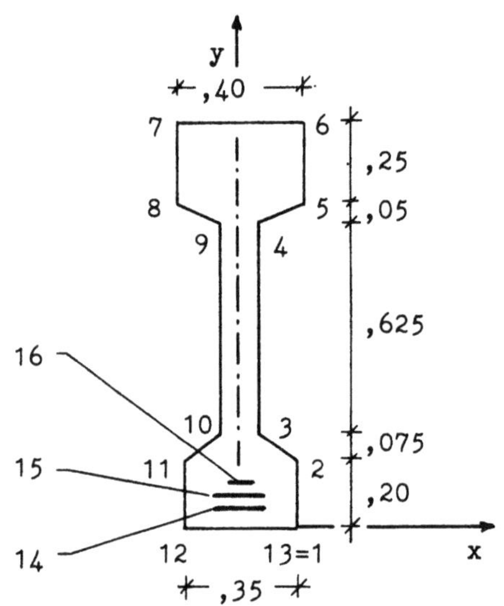

Bild 11.6 Spannbetonträger

B 25 - St 160/180

E_b = 34000 MN/m²

E_s = 200000 MN/m²

Polygonfläche (Beton)

Punkt	x =	y =
1	0,1750	0,0000
2	0,1750	0,2000
3	0,0600	0,2750
4	0,0600	0,9500
5	0,2000	1,0000
6	0,2000	1,2500
7	-0,2000	1,2500
8	-0,2000	1,0000
9	-0,0600	0,9500
10	-0,0600	0,2750
11	-0,1750	0,2000
12	-0,1750	0,0000
13	0,1750	0,0000

Stahleinlagen (x = 0)

Punkt	Fe(cm²)	y =
14	5,58	0,0500
15	5,58	0,0900
16	2,79	0,1300

01 Karte "POLYGON" (neue Berechnung)

02 Meldung: POL.PUNKT 1 - X=

03 34000 "g" bzw. 34000 XEQ $\boxed{\text{E-MODUL}}$ (Eingabe von E_b)

04 Protokollierte Meldung E = 34,000 E3

05 Meldung: POL.PUNKT 1 - X=
    x- und y-Koordinaten der verlangten Punkte eingeben.
    Nach Eingabe des letzten Punktes (13=1!):

06 Meldung END

07 "i" bzw. XEQ $\boxed{\text{SP-QW}}$ Werte für Betonquerschnitt.
    A = 0,2816 m²   X = 0,000 m   Y = 0,6602 m
    JX = 52,162 E-3 m⁴ JY = 2,3401 E-3 m⁴ JXY = 0
    Man addiert die Spannkabeln. Die Aussermittigkeit um
    die y-Achse wird vernachlässigt: x=0 angenommen.

08 Karte Punkt

09 PUNKT 14 - R/S BITTE (neue Position-Nr.)

10 zuerst E-Modul-Änderung: ab jetzt Stahl in Beton
    200000 - 34000 = 166000
    166000 "g" bzw. 166000 XEQ $\boxed{\text{E-MODUL}}$

11 PUNKT 14 - R/S BITTE. Eingaben von Pos. 14 bis 16.:
    A= 0,000558   X= 0   Y= 0,0500
    A= 0,000558   X= 0   Y= 0,0900
    A= 0,000279   X= 0   Y= 0,1300

12 PUNKT 17 - R/S BITTE (nicht vorhanden)

13 Man will ideelle "Beton"-Werte. Wieder E_b.
    34000 "g" bzw. 34000 XEQ $\boxed{\text{E-MODUL}}$

14 "i" bzw. XEQ $\boxed{\text{SP-QW}}$
    A = 0,2884 m²   X = 0,0000 m   Y = 0,6465 m
    JX = 54,391 E-3 m⁴ JY = 2,3401 E-3 m⁴ JXY = 0
    <u>Berechnung der Spannungen</u> aus M_x = -0,2772 MNm

15 Karte SIGMA - SP-Achsen
    MX= -0,2772   MY= 0   N-BA = 0
    X= 0   Y= 1,25   SIGMA = -3,0755 MN/m²
    x= 0   Y= 0,00   SIGMA = 3,2950 MN/m²
    X= 0   Y= 0,05   SIGMA = 3,0402 MN/m² (im Beton)
    200000 "g" bzw. 200000 XEQ $\boxed{\text{E-MODUL}}$: E_S .
    X= 0   Y= 0,05   SIGMA = 17,8834 MN/m² (im Stahl)

12 Literaturverzeichnis

(1)   Konrad Sattler - Lehrbuch der Statik - Erster
        Band, Teil I/A Theorie. Kapitel I.C: Querschnitts-
        werte
        Springer Verlag Berlin/Heidelberg 1969

(2)   d.g. Teil I/B - Zahlenbeispiele. Kapitel 9-12:
        Querschnittswerte

(3)   Odone Belluzzi - Scienza delle Costruzioni -
        Volume Primo - Cap. IV - Geometria delle masse
        Nicola Zanichelli Editore Bologna 1941

(4)   N. Dimitrov - Festigkeitslehre - Beton Kalender
        1981 - Kapitel J - Seite 439 ffg.
        Verlag von Wilhelm Ernst & Sohn Berlin/München
        1981 - ISBN 3-433-00887

(5)   Ferdinand Schleifer - Taschenbuch für Bauinge-
        nieure - Erster Band - 2.Auflage - Kapitel D:
        Berechnung der Inhalte, Schwerpunkte und Träg-
        heitsmomente -Seite 120 ffg.
        Springer Verlag Berlin/Göttingen/Heidelberg
        1955

(6)   Stahl in Hochbau - Handbuch - 13. Auflage - Seite
        1080
        Verlag Stahleisen MbH - Düsseldorf 1967

(7)   Trägheits- Zentrifugal- und Widerstandsmomente
        - Beton Kalender 1981 I. Teil, B4, Seite 116
        ffg.
        Verlag von Wilhelm Ernst und Sohn Berlin/München
        1981 - ISBN 3-433-00887

(8)   E.h.G. Worch - Elektronisches Rechnen in der
        Baustatik - Beton Kalender 1975 - Teil II Seite
        237 ffg.
        Verlag von Wilhelm Ernst & Sohn Berlin/München

(9)   HP-41C/HP-41CV Alphanumerischer Programmierbarer
        Taschenrechner - Bedienungs und Programmierhand-
        buch
        Februar 1981 - Hewlet-Packard Company 1981

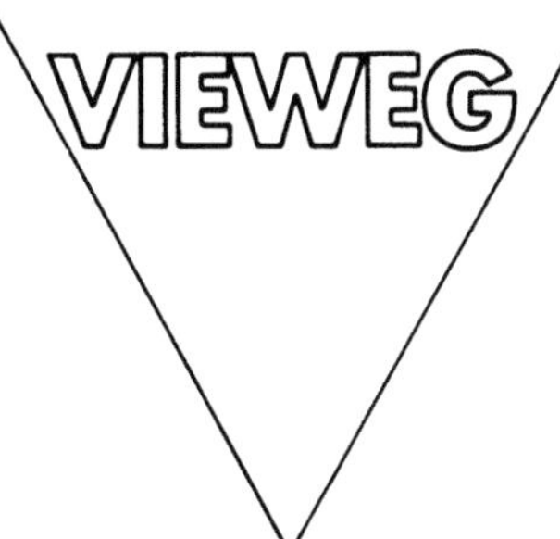

Mikrocomputer Jahrbuch 1985

Tendenzen — Anwendungen — Software — Daten. Herausgegeben von Harald Schumny. 1984. X, 366 S. mit 40 Programmen, 182 Abb., 29 Tab. und 1 360 Adressen. 18,5 X 24 cm. Br.

Die sechste Ausgabe des Jahrbuchs setzt die „Chronik der Mikrocomputerentwicklung" fort, gibt interessante Anwendungen an, stellt technologische Besonderheiten vor, behandelt Software-Themen, diskutiert Trends und Zukunftsaussichten.

Das „Mikrocomputer Jahrbuch 1985" umfaßt:

— Beiträge und Erfahrungsberichte in der Themengruppe „Taschen- und Tischcomputer" mit u. a. Diskussion der hochaktuellen Personalcomputer-Thematik;
— Software-Themen wie Forth, LISP, UNIX, Textverarbeitung, Datenbank;
— Anwendungen und Spezialthemen wie künstliche Intelligenz, CSMA/CD, Transputer, Multiprozessor-Kommunikation, Regelkreise;
— Computer in der Ausbildung;
— dokumentierte Programme für Apple, MZ-80, Sirius, C64, HX-20, PC-1500/1212, HP-41.

Dazu kommt die einmalige Datensammlung mit der Vorstellung aller in Mitteleuropa wichtigen Mikrocomputer, mit Prozessoren, Speicherbausteinen, Ergänzungschips, Hersteller- und Lieferantenadressen, Software-Lieferanten, Clubs, Lehrinstitute sowie aller bekannten Fachzeitschriften.

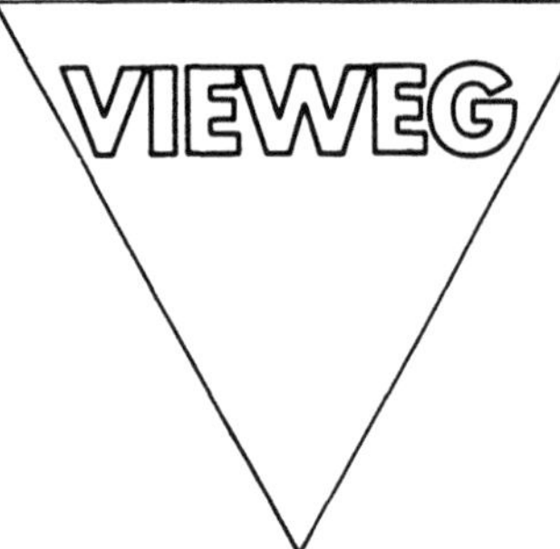

Vieweg Programmbibliothek Mikrocomputer

Herausgegeben von Harald Schumny

Band 15

Dienstprogramme (Tool-Kit) für den HP-41

Kopieren, Editieren, Umwandeln, Sortieren, Strings, Bar-Codes. 8 Programme von Frank Altensen. 1984. 54 S. 16,2 X 22,9 cm. Br.

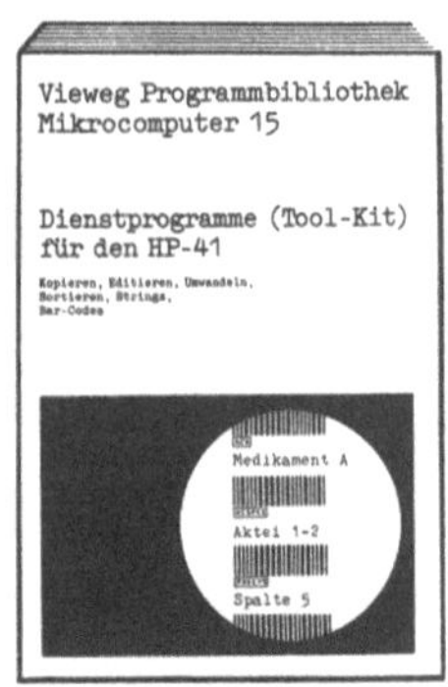

Inhalt: Kopieren und Umbenennen von ASCII-Files — Editieren von ASCII-Files und ALPHA-Strings — Umwandlungen von ASCII-Files in Daten-Files — Alphanumerisches Sortieren — Semiintelligentes Lernen — LEFT\$, RIGHT\$, MID\$ — Umwandlung von numerischen in akustische Ausgaben — Bar-Code-Identifizierung.

Die von Frank Altensen erstellten Hilfsprogramme für den Taschencomputer HP-41 sind Arbeitshilfen (Tools) für Kopieren, Editieren, Umwandeln, Sortieren, Strings und Bar-Code-Identifizierung.

Die einzelnen Programme werden ausführlich beschrieben. Es gibt in der Regel eine Aufgabenstellung, Programmbeschreibung, Angaben zur Organisation, ein Anwendungsbeispiel, das Listing und ein Flußdiagramm. Alle Abläufe und Besonderheiten sind leicht erkennbar und nachvollziehbar. Damit wird die eigene Weiterentwicklung und die Erarbeitung weiterer Hilfsmittel angeregt.

Die Programme sind eine gute Hilfe beim Programmieren des Taschencomputers HP-41.